ÉLÉMENTS

DE

BOTANIQUE

ENRICHIS

DE CINQ PLANCHES

RENFERMANT LE DÉTAIL DES DIVERS ORGANES DES VÉGÉTAUX

Par A. MUTEL,

CHEF D'ESCADRON D'ARTILLERIE, CHEVALIER DE LA LÉGION D'HONNEUR,
MEMBRE DE PLUSIEURS ACADÉMIES ET SOCIÉTÉS SAVANTES,
AUTEUR DE LA FLORE FRANÇAISE DESTINÉE AUX HERBORISATIONS,
DE PLUSIEURS OUVRAGES D'ASTRONOMIE ET D'UN COURS COMPLET DE MATHÉMATIQUES
ADOPTÉ PAR L'UNIVERSITÉ.

2me édition, entièrement refondue.

Les Éléments de botanique, 1 vol.	1 fr.	25 c.
La Flore du Dauphiné, 1 vol. . .	10	»
Le Dictionnaire géographique botanique du Dauphiné, 1 vol. .	2	50
Les 3 volumes	12	»

GRENOBLE

PRUDHOMME, IMPRIMEUR, ÉDITEUR-PROPRIÉTAIRE,
Rue Lafayette, 14, au deuxième étage.

1847.

S

ÉLÉMENTS

DE

BOTANIQUE

ENRICHIS

DE CINQ PLANCHES

RENFERMANT LE DÉTAIL DES DIVERS ORGANES DES VÉGÉTAUX

Par A. MUTEL,

CHEF D'ESCADRON D'ARTILLERIE, CHEVALIER DE LA LÉGION D'HONNEUR,
MEMBRE DE PLUSIEURS ACADÉMIES ET SOCIÉTÉS SAVANTES,
AUTEUR DE LA FLORE FRANÇAISE DESTINÉE AUX HERBORISATIONS,
DE PLUSIEURS OUVRAGES D'ASTRONOMIE ET D'UN COURS COMPLET DE MATHÉMATIQUES
ADOPTÉS PAR L'UNIVERSITÉ.

2me édition, entièrement refondue.

GRENOBLE,
PRUDHOMME, IMPRIMEUR, ÉDITEUR-PROPRIÉTAIRE,
Rue Lafayette, 14, au deuxième.

1847.

31390

Grenoble, imprimerie de PRUDHOMME, rue Lafayette, 14.

AVERTISSEMENT.

La première édition de notre *Flore du Dauphiné* contenait un simple précis de botanique, uniquement propre
à servir de guide aux commençants et à les mettre en
état de comprendre la description des espèces. Il n'en est
pas de même des *Eléments de Botanique* que nous publions
aujourd'hui, et qui forment un *Traité complet*, quoique
élémentaire et à la portée des jeunes intelligences. Ils
contiennent, outre les notions du précis, l'exposé méthodique de tous les organes simples et composés des végétaux, leur mode d'accroissement, leurs transformations,
leur nutrition et leurs fonctions, en un mot, toute la
physiologie végétale, d'après les principes généralement
adoptés aujourd'hui par les savants. Ces *Eléments* sont
tout à fait à la hauteur de la science. Nous avons d'ailleurs
apporté les plus grands soins à la rédaction, que l'on ne
trouvera pas embarrassée par la foule des mots techni-
ques et inutiles qui abondent dans la plupart des traités
analogues, et contribuent si efficacement à dégoûter de
la botanique, en hérissant de difficultés l'étude de la plus
aimable science, souvent d'un grand secours dans les
peines de la vie.

S. A. R. Monseigneur le Duc d'Orléans, prince à jamais regrettable pour la France, étant venu à Grenoble peu de temps après notre mémorable révolution de juillet, daigna nous autoriser à publier la première édition sous ses auspices. C'est sans doute à cet auguste appui qu'est dû le succès de l'ouvrage, et nous saisissons avec empressement l'occasion de signaler publiquement notre vive reconnaissance pour ce prince infortuné qui daigna favoriser nos efforts et nous donner de nombreuses marques d'un véritable intérêt.

A. MUTEL.

Le Havre, 1er mars 1847.

— • —

FAUTES A CORRIGER.

Page 20, ligne 5, au lieu de : fig. 8 et 9, lisez : fig. 11.
Page 46, ligne 6, au lieu de : fig. 11 et 12, lisez : fig. 12.
Page 55, ligne 18, au lieu de : fig. 8, lisez : fig. 7.

PRÉCIS DE BOTANIQUE.

La Botanique est une science qui a pour objet la connaissance des végétaux.

Les animaux *se nourrissent, se reproduisent, sentent et se meuvent*. Les végétaux peuvent seulement *se nourrir et se reproduire*, mais non *sentir ni se mouvoir volontairement*. Ils ne sont donc doués que de deux sortes d'organes, les uns servant à la nutrition du végétal, et par suite appelés *organes de la nutrition* ou *de la végétation* : comme la *racine*, la *tige*, les *bourgeons*, les *feuilles*, etc. ; les autres servant à la reproduction de l'espèce, et nommés organes de la *reproduction* : comme la *fleur* et le *fruit*.

Ces diverses parties du végétal sont elles-mêmes composées de parties plus petites, qui, étant soumises à une série convenable d'analyses, se subdivisent de plus en plus, jusqu'à ce qu'on parvienne à des parties non susceptibles de division et par suite nommées *organes élémentaires*. Leur étude doit naturellement précéder celle des organes énumérés ci-dessus, compris sous le nom général *d'organes composés*.

ORGANES ÉLÉMENTAIRES.

Si l'on examine (à une forte loupe ou plutôt au microscope) une portion quelconque de végétal sous-divisée de manière à ne plus se prêter à aucun de nos moyens de division, on voit qu'elle se compose d'une multitude de cavités très-diverses en forme et en grandeur. Les unes sont limitées en tous sens par une paroi, comme un sac ou une petite outre ; les autres n'ont pas de parois, et sont seulement les vides que les premières laissent entre elles là où leurs parois ne sont pas contiguës ; l'ensemble de toutes ces cavités présente l'apparence d'un tissu, et de là provient le nom de *tissu végétal* qu'on lui a donné.

Les cavités à parois propres offrent différentes formes qu'on peut réduire à trois principales, quoique non séparées entre elles par des limites bien précises.

1° Les cavités offrent à peu près les mêmes dimensions dans tous les sens, ou du moins n'ont pas un sens précis d'allongement : alors on les nomme à peu près indifféremment *cellules* ou *utricules* (pl. 1, fig. 1. 2).

2° Elles sont plusieurs fois plus longues que larges, et analogues soit à des fuseaux soit à des tubes courts terminés en pointe à leurs deux extrémités : on leur donne alors le nom de *fibres* (pl. 1, fig. 3. 4).

3° Elles ont la forme de tubes très-allongés, dont l'œil ne peut apercevoir à la fois les deux extrémités sous le microscope : on les appelle *vaisseaux* ou *tubes* (pl. 1, fig. 5).

UTRICULES OU CELLULES.

Les cellules ou utricules forment par leur réunion le *tissu cellulaire* ou *utriculaire*, aussi appelé *parenchyme*, et qui peut être regardé comme la base de l'organisation végétale.

Dans les tissus très-lâches où le développement des cellules n'est gêné par aucun obstacle, elles ont la forme arrondie d'une boule (pl. 1, fig. 1) ou la forme ovale d'un œuf (pl. 1, fig. 2) ; leur ensemble (pl. 1, fig. 6) offre quelque analogie avec la mousse qui s'élève à la surface de l'eau de savon agitée ou des liqueurs spiritueuses en fermentation. Alors les cellules, étant terminées de tous côtés par une surface courbe continue, ne se touchent mutuellement que par un petit nombre de points, et laissent entre leurs parois des espaces vides plus ou moins sensibles appelés *méats intercellulaires*. Ce sont les cavités sans paroi propre dont nous avons parlé au commencement du n° 2.

Quand, au contraire, les cellules se rencontrent à mesure qu'elles se développent, elles s'aplatissent en divers points de leurs parois par suite de leurs pressions mutuelles. Alors leur surface, au lieu de présenter de toutes parts une courbe continue, devient anguleuse et composée de parties planes se rencontrant mutuellement suivant des lignes droites (pl. 1, fig. 7. 8). Dans ce cas les cellules affectent principalement la forme cubique d'un dé à jouer (pl. 1, fig. 9), ou la forme rectangulaire et allongée d'un secrétaire (pl. 1, fig. 10) ou d'un livre dressé, ou la forme rectangulaire et aplatie d'un livre couché ou du dessus d'une table (pl. 1, fig. 11), etc. Souvent encore les cellules offrent dans leur coupe verticale une figure à six côtés (pl. 1, fig. 8), et dans ce cas elles ressemblent assez bien aux alvéoles construites par les abeilles; c'est de là qu'est venu le nom de *cellule*.

Remarquons toutefois, qu'en général, les cellules sont loin d'avoir régulièrement les formes polyédriques mentionnées ci-dessus; et même il n'est pas rare d'en rencontrer dont les parois offrent à la fois des parties planes et des parties courbes.

Les cellules irrégulières n'offrent aucun ordre sensible dans leur disposition. Celles, au contraire, qui sont régulières et de même grandeur forment ordinairement des séries contiguës rectilignes, soit en hauteur, soit en largeur (pl. 1, fig. 12. 13).

Les méats intercellulaires, qu'on observe facilement dans les tissus lâches (pl. 1, fig. 6), se rencontrent aussi dans presque tous les autres; mais ils deviennent d'autant moindres que le tissu est plus serré, et ne s'évanouissent que dans le cas où les cellules s'emboîtent parfaitement (pl. 1, fig. 8).

Quand ils occupent un espace un peu considérable, on les nomme *lacunes*. Celles-ci proviennent tantôt de la destruction de plusieurs cellules, tantôt du développement rapide du végétal. Les cellules dites *rameuses*, c'est-à-dire dont la paroi s'est allongée en divers points dans plusieurs directions, se touchent ordinairement par les extrémités de leurs prolongements, et comprennent entre elles des lacunes (pl. 1, fig. 14). On rencontre surtout les lacunes dans les végétaux qui vivent sous l'eau.

Lorsqu'on examine avec soin le développement d'une jeune cellule, depuis l'instant où elle devient distincte, on trouve que sa paroi est formée par une membrane simple et continue, qui, d'abord molle et humide, se dessèche ensuite peu à peu. Elle persiste quelquefois ainsi, jusqu'à ce qu'elle ait acquis sa forme et sa grandeur définitives. Mais souvent il apparaît une nouvelle membrane, qui, tapissant d'abord toute la paroi intérieure de la première, et ne pouvant pas toujours la suivre à mesure qu'elle se développe, se déchire en offrant des solutions de continuité très-diverses, quoique très-régulières en général.

Sous ce rapport on distingue principalement les cellules *ponctuées* (pl. 1, fig. 15), *rayées* (pl. 1, fig. 16), *spirales* (pl. 1, fig. 17), *annulaires* (pl. 1, fig. 18) et *réticulées* (pl. 1, fig. 19), où les solutions de continuité de la membrane interne sont respectivement des petits points, de courtes lignes obliques, des rubans déroulés en spirales, des anneaux parallèles ou un réseau à mailles le plus souvent inégales.

La paroi de la cellule offre donc alors des amincissements dans les parties où la membrane externe reste seule, et des épaississements dans les parties où elle est doublée par la membrane interne. Il peut arriver qu'une troisième membrane se développe à l'intérieur de la seconde, et alors elle se moule ordinairement sur elle, de manière à offrir exactement les mêmes solutions de continuité et aux mêmes endroits; ainsi de suite.

FIBRES.

Les fibres présentent assez de variations dans leur longueur. Lorsqu'elles sont courtes, elles ont la forme d'un fuseau ou d'une navette (pl. 1, fig. 3), ce qui leur a fait donner le nom de *clostres*, d'un mot grec qui signifie fuseau. Comme elles offrent alors une certaine ressemblance avec les cellules, plusieurs auteurs les ont appelées *cellules allongées*.

Lorsque les fibres sont plus longues (pl. 1, fig. 4), elles montrent plus d'analogie avec les vaisseaux, et se trouvent souvent désignées sous le nom de *vaisseaux fibreux*.

Les fibres se développent de la même manière que les cellules. Leur paroi est de même formée d'abord par une membrane simple et continue, mais plus ferme et plus épaisse. Ordinairement plusieurs membranes se développent successivement à l'intérieur l'une de l'autre, jusqu'à ce que la fibre paraisse tout à fait pleine. Les membranes intérieures peuvent offrir des solutions de continuité analogues à celles des cellules. Les fibres dites *ponctuées* se rencontrent surtout assez fréquemment, et leurs points sont extrêmement distincts dans les arbres toujours verts, comme le sapin, où ils forment deux séries rectilignes occupant les deux côtés de la fibre. Chacun de ces points semble entouré d'une aréole circulaire (pl. 1, fig. 20), parce qu'il occupe le centre d'un petit enfoncement assez semblable à la cavité d'un verre de montre. Les fibres sont juxta-posées de manière que les dépressions de l'une correspondent à celles de l'autre; et de là résultent autant d'espaces vides, ayant chacun la forme d'une lentille qui serait formée par deux verres de montre placés bord à bord. Cette cavité se remplit ordinairement de résine.

Les fibres forment par leur réunion le *tissu fibreux* aussi nommé *prosenchyme*. Il diffère principalement du tissu cellulaire ou parenchyme, en ce que les fibres voisines s'y touchent longitudinalement par leurs côtés (pl. 1, fig. 21), et laissent par conséquent entre leurs extrémités amincies des espaces vides recevant celles des fibres supérieures et inférieures; tandis que dans le parenchyme les cellules supérieures et inférieures se trouvent placées bout à bout (pl. 1, fig. 12. 13), et reposent ainsi l'une sur l'autre par leurs faces planes.

VAISSEAUX.

Les vaisseaux sont de longs tubes (pl. 1, fig. 5) qui diffèrent des fibres non-seulement par leur grande longueur souvent égale à celle de tout le végétal, mais encore parce qu'ils offrent constamment à leur surface les mêmes solutions de continuité que les cellules et les fibres présentent quelquefois à une certaine époque, et surtout parce que le diamètre général du tube est rétréci de distance en distance par des étranglements très-distincts (pl. 1, fig. 22).

Si l'on analyse avec soin une partie quelconque d'un végétal prise à son premier développement, on la trouve uniquement composée de cellules dont chacune est circonscrite par une membrane simple, lisse et continue. A une époque plus avancée, on voit que certaines cellules se sont allongées en fibres; et c'est seulement à une époque encore plus reculée qu'apparaissent les vaisseaux. Cette observation et de plus l'extrême ressemblance que les portions de vaisseaux comprises entre deux étranglements consécutifs ont avec une cellule ou avec une fibre, montrent qu'ils sont eux-mêmes formés de cellules ou de fibres intimement soudées bout à bout.

Le cercle de jonction entre deux parties contiguës disparaît bientôt, ou se réduit, soit à un simple pli, soit à un mince diaphragme criblé de trous. Il est facile de voir que dans les vaisseaux provenant d'une file de cellules réunies, les étranglements doivent être rapprochés, et marqués par des circonférences à peu près horizontales (pl. 1, fig. 22), tandis que dans les vaisseaux formés de fibres, les étranglements doivent être écartés, et marqués par des lignes courbes très-obliques (pl. 1, fig. 23), comme celles qui terminent les fibres.

Les inégalités de la surface des vaisseaux sont, comme nous venons de le voir, les mêmes que pour les cellules et les fibres, et dirigées également en spirale. Mais elles se trouvent ici bien plus prononcées à cause des dimensions plus considérables des tubes, sur lesquels on les a d'abord constatées, et qu'on a décrits sous le nom commun de vaisseaux spiraux.

On distingue les vaisseaux spiraux proprement dits ou *trachées*, et les vaisseaux *annulaires*, *réticulés*, *rayés*, *ponctués*, qu'on appelle en général faux vaisseaux spiraux.

Trachées. — Les trachées (pl. 1, fig. 23) se composent d'une membrane cylindrique dont la surface intérieure porte un fil d'un blanc nacré roulé en spirale, absolument comme le fil de laiton formant l'élastique des bretelles, et se continuant sans interruption d'un bout à l'autre du vaisseau.

La membrane est régulièrement cylindrique dans la plus grande partie de son étendue, mais comme ses extrémités sont amincies en fuseau, il en résulte que les trachées ne sont autre chose que de véritables fibres très-allongées.

Le fil spiral est plein, souvent cylindrique, quelquefois plus ou moins aplati, suivant son emplacement. Presque toujours il se déroule lorsqu'on tire légèrement une trachée rompue, à moins qu'elle ne soit trop jeune ou trop vieille. On parvient à le dérouler et à le voir assez facilement malgré sa ténuité, en rompant une jeune pousse de rosier ou de sureau, et en éloignant avec précaution les deux bords de la rupture.

Mais il n'est pas aussi facile de distinguer la membrane externe, à moins que les tours de spire du fil intérieur ne soient très-espacés, ce qui arrive assez rarement.

Dans le plus grand nombre des cas, le fil spiral est simple ; mais quelquefois il est double, et même dans le bananier on en a compté plus de vingt juxta-posés en forme de ruban. Un fil simple peut encore se diviser en un certain point pour former deux ou plusieurs fils plus fins parcourant alors des hélices distinctes et parallèles entre elles, mais plus obliques.

Vaisseaux annulaires, réticulés, rayés et ponctués. — Ces vaisseaux sont ordinairement plus gros et moins uniformes que les trachées. On les comprend sous les noms de faux vaisseaux spiraux, parce que la spire n'est pas continue dans l'intérieur du tube.

Les vaisseaux annulaires (pl. 1, fig. 24) se composent d'une membrane à peu près cylindrique offrant à l'intérieur des épaississements, soit circulaires, soit spiraux, ou participant de ces deux formes. Les cercles ou anneaux sont placés les uns au-dessus des autres, tantôt horizontalement, tantôt obliquement, et à des distances inégales. Lorsque ces anneaux diversement inclinés se trouvent réunis en quelques points de leur pourtour ou par de petites bandes sinueuses, de manière à former un réseau plus ou moins serré, le vaisseau prend le nom de *réticulé*(pl. 1, fig. 25). Souvent un même vaisseau est en partie annulaire, et en partie réticulé. Ces deux sortes de vaisseaux ayant leurs extrémités terminées en cône effilé et séparées par un assez grand intervalle, il est clair qu'ils ont la même origine que les trachées et sont également formés de fibres.

Les *vaisseaux rayés* (pl. 1, fig. 26) se composent d'une membrane cylindrique ou prismatique doublée à l'intérieur comme par une mousseline brodée à jour. Les raies correspondent aux jours; elles sont ordinairement transversales, et régulièrement situées les unes au-dessus des autres, comme les espaces compris entre les lames d'une persienne. Quelquefois une raie se trouve remplacée par plusieurs autres plus courtes.

Ces vaisseaux sont formés les uns de cellules ajustées bout à bout, les autres proviennent de fibres, comme l'indique leur terminaison en fuseau.

Les *vaisseaux ponctués* (pl. 1, fig. 22) offrent, au lieu de raies, des points disposés en lignes circulaires parallèles, horizontales ou un peu obliques; mais, à des intervalles à peu près égaux, on voit sur le tube des cercles non ponctués et d'un diamètre en général un peu moindre, ce qui forme des étranglements auxquels répondent intérieurement des replis circulaires. Le vaisseau convenablement traité par un réactif se sépare à chacun de ces étranglements en petites portions analogues à des cellules sans fond; d'où il résulte que les vaisseaux ponctués proviennent de cellules soudées.

Une modification du vaisseau ponctué est le vaisseau dit *en chapelet* (pl. 1, fig. 27), où les rétrécissements plus prononcés donnent aux utricules la forme d'un petit tonneau défoncé ou d'un grain de chapelet. Mais la même modification se rencontre aussi dans la plupart des autres vaisseaux. Ils sont simples ou rameux, et se trouvent en général au point de jonction de la tige et des branches, de la racine et de la tige, etc.

Vaisseaux propres ou laticifères. — Ces vaisseaux (pl. 1, fig. 28) se nomment ainsi parce qu'ils renferment le *latex* ou suc propre particulier à chaque végétal. Ils consistent en tubes membraneux, qui communiquent librement entre eux par des tubes transversaux plus courts; et l'ensemble forme un grand réseau irrégulier, dont les mailles se rencontrent à angle droit ou aigu. La membrane du tube est lisse, transparente et homogène; elle n'offre nulle part les intervalles amincis résultant des éraillures variées de la membrane interne et donnant naissance aux diverses apparences décrites dans les vaisseaux spiraux, les fibres et les utricules. Un autre caractère qui distingue encore les vaisseaux propres de tous les précédents, c'est que le canal intérieur, qui est d'abord continu, s'interrompt dans un âge plus avancé de manière à présenter des cavités séparées les unes des autres par des articulations. Leur origine s'explique aisément comme il suit : le latex, s'accumulant en certains points du vaisseau, y produit des renflements au-dessous desquels le vaisseau se rétrécit peu à peu, et la communication finit par être interceptée dans la partie intermédiaire où se forme l'articulation.

Contenu des organes élémentaires. — Les cellules, fibres et vaisseaux renferment dans leurs cavités des substances très-diverses, gazeuses, ou liquides ou solides.

La matière solide contenue dans les cellules peut y occuper divers emplacements. Souvent elle tapisse leur surface d'une couche plus intérieure dont la composition chimique diffère de celle des cellules. Souvent encore elle offre l'apparence de granules ou petits grains, tantôt agglomérés ou pelotonnés, tantôt distincts et libres ou appliqués sur les parois. Les réactifs chimiques montrent qu'ils sont de nature différente et formés les uns d'une matière plus ou moins azotée qui est l'*albumine* ou le *caséum*, les autres d'un matière dépourvue d'azote, qui est la *fécule*. Ces derniers (pl. 1, fig. 29), quoique très-variables dans leur forme et leur grosseur selon les différentes plantes d'où ils proviennent, peuvent néanmoins se reconnaître par l'examen de leur surface, où se dessinent plusieurs cercles concentriques autour d'un point généralement situé à l'un des pôles du granule. Ce point central marque le noyau autour duquel se sont superposées les couches successives indiquées par les cercles; ainsi le grain de fécule se développe de dedans en dehors, et par conséquent en sens inverse de la cellule qui le contient. En général ces grains ont la figure d'un solide irrégulier tantôt circonscrit par des faces planes, comme dans la fécule du maïs (pl. 1, fig. 30), tantôt limité par une surface courbe et continue analogue à celle d'un œuf ou d'une toupie, comme dans la fécule de pomme de terre (pl. 1, fig. 29).

Ce qu'il y a de mieux pour voir nettement les granules et reconnaître leur nature, est de verser sur les cellules une goutte de solution d'*iode*. Les granules d'une nature féculente se colorent en bleu ou en violet, et ceux d'une nature albumineuse en brun ou en jaune, tandis que les parois de la cellule restent inaltérables.

Les granules sont quelquefois en si grande quantité, qu'ils forment, après l'évaporation des liquides, une masse serrée remplissant à peu près tout l'intérieur de la cellule. D'autres fois ils se trouvent comme empâtés par une matière molle, élastique, nommée *gluten*, toujours si abondante dans les céréales.

Dans les cellules très-jeunes, la surface intérieure offre ordinairement un petit mamelon granuleux en forme de boule ou de lentille (pl. 1, fig. 31), appliqué ou comme enchâssé dans la paroi, et que plusieurs auteurs prétendent destiné à la production de nouvelles cellules, dont il serait le germe ; et en effet, ce mamelon a presque toujours disparu à l'époque de leur parfait développement.

On observe aussi dans les vaisseaux propres ou laticifères une grande quantité de granules très-petits, inégaux et pulvérulents, qui nagent dans le *latex* ou suc propre circulant dans ces vaisseaux. Certaines fibres se tapissent ou plutôt s'imprègnent d'un principe particulier qu'on a nommé le *ligneux*, et qui, d'abord liquide, se solidifie ensuite en faisant corps avec elles.

La *chromule* ou *chlorophylle* est une matière verte, analogue aux résines, et constituant la couleur verte des végétaux. Elle nage dans le liquide incolore des cellules sous forme de flocons gélatineux, qui tendent à se déposer sur les parois cellulaires, sur les grains de fécule ou d'albumine, et en général sur toutes les parties solides situées dans la cavité de la cellule.

Enfin, les cellules peuvent encore contenir une matière gélatineuse qui les colore en jaune, et un liquide qui les colore en rouge, en bleu ou en violet.

Mais la *sève* qui remplit les cellules, et delà se répand dans les vaisseaux spiraux, est toujours un liquide incolore tenant en dissolution les éléments de la formation des cellules ou les matières qui doivent s'y déposer. Les autres liquides qui se rencontrent encore dans les cellules ou dans les méats ou lacunes, sont des huiles grasses ou volatiles, ou de la gomme dissoute dans l'eau. Quant aux gaz, c'est surtout dans les intervalles des cellules qu'on les trouve, soit à la surface, soit dans l'intérieur du végétal.

Nous avons indiqué ci-dessus les matières solides de nature organique, contenues dans le tissu cellulaire. Mais certaines cellules spéciales renferment, en outre, des cristallisations à base de chaux, de potasse, de silice, etc., dont les éléments, combinés ou épars, sont absorbés par la plante et circulent avec la sève dans les tissus où ils se cristallisent ensuite. Lorsque les cristaux sont allongés et très-menus, ils affectent, en général, la disposition en files parallèles comme des paquets d'aiguilles (pl. 1, fig. 32) ; c'est ce que plusieurs auteurs ont décrit comme un organe distinct sous le nom de *raphides*. Quand, au contraire, les cristaux sont plus gros et plus courts, ils se groupent ordinairement sous la forme d'une petite boule hérissée de pointes inégales et rayonnantes (pl. 1, fig. 33).

Au reste, comme le même sel offre des cristallisations très-diverses selon la forme de l'appareil particulier où elles se produisent, il en résulte qu'elles ne proviennent pas d'une combinaison purement chimique, mais qu'elles ont lieu sous l'influence de la vie végétale.

Les méats intercellulaires ou les lacunes contiennent quelquefois de la silice, mais elle n'y est pas cristallisée.

Remarque. — Nous devons prévenir le lecteur que pour trouver dans un végétal les substances énumérées plus haut, il faut examiner au microscope plusieurs tranches de tissu convenablement choisies et préparées, et prises dans le végétal à toutes les époques de sa vie ; car le temps y amène des changements perpétuels, et l'observation la plus minutieuse faite à une seule époque induirait nécessairement en erreur.

Communication des organes élémentaires. — Nous avons vu que les divers organes dont se compose le tissu cellulaire sont formés chacun d'une mince enveloppe membraneuse, doublée à l'intérieur en divers points de sa surface par une ou plusieurs autres membranes diversement ponctuées ou découpées à jour. Il n'est donc pas difficile de concevoir que les matières gazeuses et liquides qu'ils contiennent puissent passer librement de l'un à l'autre à travers la mince membrane perméable qui les circonscrit. On pense que cette membrane extérieure finit souvent par disparaître dans les intervalles correspondants aux solutions de continuité de l'intérieur ; et quelquefois même on a pu constater qu'elle s'évanouit en entier dans les vaisseaux spiraux, dont les tours de spire restent ainsi complétement à nu. Enfin, on a reconnu que, dans certaines plantes, les cellules ont leurs parois percées de véritables trous.

Ainsi les fluides peuvent circuler dans tout le tissu végétal.

Quant au mode d'union des organes, on pense qu'il consiste dans un principe particulier, nommé *matière intercellulaire*.

Cette substance, essentiellement différente par sa nature et par sa couleur de la membrane des cellules, se forme entre elles, et les unit de la même manière que le ferait une solution de gomme arabique.

ORGANES COMPOSÉS.

Les organes composés proviennent de la combinaison des organes élémentaires réunis pour former un tout nettement limité par sa conformation et par la nature de ses fonctions.

Embryon. — Si l'on observe un végétal à son début, on le trouve uniquement composé d'une cellule contenant des granules (pl. 1, fig. 34). Dans cet état, où il fait encore partie de l'être dans lequel il s'est formé, on l'appelle *embryon* : quelquefois la plante persiste sans changement notable dans l'état embryonnaire, ou seulement d'autres cellules semblables se réunissent à la première pour constituer un ensemble homogène.

Souvent, au contraire, l'embryon primitivement sphérique, ou à peu près, prend la forme d'un œuf plus ou moins régulier, et ne tarde pas à offrir des différences sensibles à ses deux extrémités. L'une s'allonge suivant l'axe de l'œuf et reçoit alors le nom de *radicule* ou petite racine (pl. 1, fig. 35 et 36, lettre r), parce qu'elle doit plus tard former la vraie racine du végétal. L'autre se gonfle obliquement et latéralement par rapport à l'axe, tantôt d'un seul côté (pl. 1, fig. 35), tantôt des deux côtés à la fois (pl. 1, fig. 36), et présente ainsi, selon le cas, un mamelon latéral, ou deux mamelons latéraux toujours symétriques par rapport au prolongement de l'axe. Ces mamelons, qui doivent former les *cotylédons* (pl. 1, fig. 35 et 36, lettre c), en sont l'état rudimentaire ; et le sommet allongé de l'axe, qui apparaît sous la figure d'un autre mamelon beaucoup plus petit souvent à peine visible, sera la *gemmule* (pl. 1, fig. 35 et 36, lettre g) ou petit bourgeon. Ce dernier mamelon n'est pas indivis comme les cotylédons, mais réellement composé de plusieurs petits lobes plissés qui doivent plus tard se développer en organes latéraux ou feuilles. Enfin le corps même de la masse celluleuse ou toute la partie de l'axe opposée à la radicule prend le nom de *tigelle* ou petite tige.

Ainsi, dans cette première période de la vie du végétal, l'embryon peut rester homogène sans cotylédon (pl. 1, fig. 34), ou en avoir un (pl. 1, fig. 35), ou en avoir deux (pl. 1, fig. 36) ; et il se nomme respectivement, selon le cas, *acotylédoné*, *monocotylédoné* ou *dicotylédoné*. Ces trois modifications de l'embryon ont servi de base à la division du règne végétal en trois grandes classes comprenant les *plantes acotylédonées*, *monocotylédonées* et *dicotylédonées*.

Les cotylédons ne sont réellement que les premières feuilles de la plante, mais en général ils diffèrent beaucoup de celles qui doivent suivre. Destinés à nourrir le végétal dans son premier développement, ils sont ordinairement épais et charnus, et finissent souvent par former la plus grande partie de l'embryon parfait, encore renfermé dans la graine attachée à la plante-mère.

Notre petite plante en miniature nous offre donc, outre les cotylédons destinés à la nourrir, une radicule, une tigelle et une gemmule, qui doivent produire par leur développement ce qu'on appelle les *organes fondamentaux* et que nous avons déjà compris sous le nom général d'*organes de la végétation*.

ORGANES DE LA VÉGÉTATION.

L'étude de ces organes doit saisir le végétal dès la seconde période de sa vie qui est la *germination*, et commence dès que la graine séparée de la plante-mère se trouve dans les circonstances favorables à son développement, dont les agents extérieurs indispensables sont l'humidité, la chaleur et l'air.

D'abord la petite plante, dès lors nommée *plantule*, se nourrit des principes contenus dans ses enveloppes et dans ses cotylédons, qui, gonflés et ramollis par l'humidité, éprouvent les changements propres à lui fournir les premiers matériaux de sa nutrition. Son axe se développe constamment dans deux directions opposées. Dans le plus grand nombre des cas, c'est la radicule qui, la première, éprouve les effets de la germination. Elle devient de plus en plus saillante et s'allonge en suivant une direction *descendante*. Sa surface se couvre de petits filaments qui pompent les sucs de la terre, aussitôt que les enveloppes devenues inutiles se sont rompues. La radicule prend alors le nom de *racine* et s'enfonce le plus souvent dans la terre.

En même temps la gemmule, d'abord cachée entre les cotylédons, lorsqu'il y en a deux, ou dans un enfoncement situé à la base du cotylédon, lorsqu'il est unique, les soulève, se redresse et s'allonge en suivant une direction *ascendante* vers la région de l'air et de la lumière. Dès qu'elle est parvenue à l'air libre, les petites folioles dont elle est composée se déploient, s'étalent, grandissent, et, devenues de véritables feuilles, ne tardent pas à remplir leurs importantes fonctions. Les cotylédons épuisés et flétris se dessèchent ou tombent, et la germination est achevée.

Dès lors le végétal tire toute sa nourriture de la terre ou des corps qui l'environnent, et la troisième période de sa vie commence. Il ne faut pas perdre de vue que les feuilles sont des organes essentiellement latéraux, qui ont simplement leur point d'attache sur l'axe et s'y développent toujours en commençant par les plus inférieurs. L'extrémité inférieure de l'axe forme la racine, et tout le reste la tige. Ces trois organes fondamentaux, racine, tige et feuilles, existaient dès la première période de la vie du végétal, et la seconde n'a fait que les rendre plus manifestes, sans en ajouter de nouveaux.

Avant de les suivre dans leur développement ultérieur, nous parlerons d'une mince enveloppe qui leur est commune et se nomme l'*épiderme*.

ÉPIDERME.

L'*épiderme* est une membrane mince, le plus souvent transparente, qui recouvre toute la surface extérieure du végétal, et qui est surtout bien distincte sur les jeunes tiges et sur les feuilles. Lorsqu'on en fait macérer un fragment dans l'eau, le tissu cellulaire situé sous l'épiderme ne tarde pas à se détruire, et celui-ci se détache de la surface du fragment. Si l'opération est suffisamment prolongée, on voit l'épiderme se séparer en deux parties, dont l'une, plus intérieure, est l'épiderme proprement dit, et se compose de cellules contiguës; l'autre, plus extérieure, est une pellicule très-fine et plus consistante, exac-

tement moulée sur la première dont elle suit toutes les sinuosités, toutes les saillies.

Cette pellicule (pl. 1, fig. 37) existe plus généralement que
l'épiderme, et recouvre uniquement la surface de tous les végétaux acotylédonés et de toutes les plantes submergées. On la
suppose formée par un épanchement de la matière intercellulaire qui unit les organes élémentaires du tissu végétal, et
vient aussi se déposer à la surface extérieure comme une
couche de vernis. C'est au reste une membrane simple, continue, et dépourvue de cellules.

L'épiderme (pl. 1, fig. 38) est au contraire composé de grandes cellules aplaties, très-nettement visibles sous le microscope, ordinairement juxta-posées en une seule couche. Leur
pourtour est tantôt irrégulier et sinueux, tantôt circonscrit
par quatre ou six lignes droites formant en général un quadrilatère ou un hexagone. Comme leurs parois latérales s'appli-
quent exactement contre celles des autres cellules voisines,
toute la couche épidermique ne peut renfermer aucun vide ou
méat intercellulaire, ce qui lui donne beaucoup de consistance.
La paroi intérieure adhère faiblement aux cellules des parties
sous-jacentes; et l'extérieure, beaucoup plus épaisse que les
autres, est tantôt plane, tantôt voûtée vers son milieu, ce qui
rend, selon le cas, la surface générale de l'épiderme unie ou
chagrinée.

Stomates. — La surface de l'épiderme présente, dans toutes
les parties exposées à l'air et à la lumière, de petites ouvertures
nommées *stomates* (pl. 1, fig. 38. 39), qui paraissent comme
des taches à l'œil nu, mais qui, suffisamment grossies, ressemblent à autant de petites bouches ordinairement entourées
de deux bourrelets un peu arqués en forme de lèvres, et se re-
gardant par leur concavité. Leur nom vient du mot grec στομα
qui signifie bouche. La forme des stomates varie depuis le cercle jusqu'à l'ovale étroit et allongé. Au reste, cette forme varie
dans un même stomate selon qu'il est à sec ou mouillé. Dans
le premier cas, les lèvres se rétrécissent, se rapprochent ou
même se ferment; tandis que dans le second, elles se gonflent,
se courbent et s'écartent de manière à laisser entre elles une
large ouverture.

Les stomates correspondent toujours à des méats intercellu
laires ou à des lacunes, et servent à faire communiquer les
parties intérieures des végétaux avec l'extérieur. Ils s'obser-
vent sur toutes les surfaces vertes et foliacées des plantes
aériennes, et abondent principalement sur les feuilles, surtout
à leur face inférieure ; mais les racines et l'épiderme des vieil-
les tiges, de la plupart des pétales, des fruits charnus, des
graines, etc., en sont totalement dépourvus. Il en est de même
des végétaux acotylédonés et de toutes les plantes submergées,
qui d'ailleurs n'ont pas d'épiderme. Nous mettons à dessein le
mot submergées, car dans les végétaux aquatiques dont les
feuilles nagent à la surface de l'eau, il existe un épiderme et
des stomates à leur face supérieure, mais non à l'inférieure.

Les stomates se trouvent disposés de diverses manières ; en
général ils sont solitaires et plus ou moins écartés, tantôt sans
aucun ordre, tantôt en séries rectilignes. Quelquefois ils sont
agglomérés par petits groupes distincts, comme dans les Saxifrages, et occupent alors le fond d'une cavité. Leur nombre
varie beaucoup selon les plantes, et l'on a pu constater que sur
l'étendue d'un pouce carré, les feuilles d'iris en ont 12 000,
celles d'œillet 40 000, et celles de lilas 160 000.

Les cellules qui forment les stomates sont ordinairement
beaucoup plus petites que celles de l'épiderme, et presque
toujours situées au-dessous de leur niveau. Elles contiennent
des granules divers, soit incolores, soit verdis par la chlorophylle.

RACINE.

La racine est la partie du végétal qui se dirige en sens contraire de la tige, c'est-à-dire vers la terre, où elle s'enfonce ordinairement pour y pomper les sucs nécessaires à sa nutrition
et à son accroissement. Les plantes ne s'enfoncent pas toutes
dans la terre ; il y en a qui sont parasites, c'est-à-dire qui
s'attachent à d'autres plantes aux dépens desquelles elles se
nourrissent, comme le gui, la cuscute, etc.

La partie qui sert de jonction à la racine et à la tige se

nomme *collet*. Ce n'est qu'un plan sans épaisseur, mais tel que tout ce qui est d'un côté tend à monter, dans l'enfance de la plante, pour constituer la tige, et que tout ce qui est de l'autre côté tend à descendre pour constituer la racine. Le collet est ordinairement situé un peu au-dessus de la surface du sol, et se manifeste, dans la jeune plante, par un rétrécissement plus ou moins prononcé; mais il ne tarde pas à devenir de moins en moins sensible, et finit souvent par disparaître complétement. Il a d'ailleurs peu d'importance dans la vie du végétal.

Nous avons vu que les modifications de l'extrémité supérieure de l'embryon ont servi à diviser le règne végétal en trois grandes classes, savoir, les plantes dicotylédonées, les monocotylédonées, les acotylédonées. L'extrémité inférieure de l'axe sert également à distinguer ces trois classes.

Dans les embryons dicotylédonés, la radicule est nue ou dépourvue de toute enveloppe; ainsi la racine est simplement formée par l'allongement de la partie inférieure de l'axe et se trouve être une partie *extérieure*.

Dans les embryons monocotylédonés, la radicule, qui est ordinairement multiple, est d'abord enveloppée par une couche de la surface de l'embryon qui lui sert de gaîne et qu'elle finit par percer lorsque celle-ci ne peut plus la suivre dans son développement. La racine est donc ici une partie *intérieure*.

Quant aux embryons acotylédonés, comme ils forment un tout homogène sans distinction de parties, ils n'ont pas de radicule, ni par conséquent de racine proprement dite. Les cellules contiguës au sol émettent des prolongements tubuleux qui en tiennent lieu.

L'embryon, considéré sous ce nouveau point de vue, se nomme *exorhize* dans le premier cas, *endorhize* dans le second, *arhize* dans le troisième, et la gaîne des radicules prend le nom de *coléorhize*. Ces dénominations viennent des mots grecs Ρίζα racine, Εξω, dehors, Ενδον en dedans, et Χολεός, gaîne.

Outre la racine provenant du développement de la radicule, il arrive quelquefois que la tige émet de sa surface des racines que l'on nomme *accessoires* ou *adventives*. Si l'on plante une branche de saule dans la terre humide, sa surface offre bientôt des racines déliées qui se dirigent en bas; et même Duhamel, ayant planté un arbre en sens inverse, vit les racines se couvrir de feuilles, et les branches enterrées produire des fibres radicales. Au reste, les tiges et les branches de certaines plantes émettent naturellement, surtout à leurs nœuds, des racines qui s'allongent en se dirigeant vers le sol, et que pour cette raison l'on appelle encore *aériennes*.

Toutes les racines ont la même organisation, quelle que soit leur origine, et se composent, dans le premier âge, d'un amas de cellules. Bientôt celles du centre s'allongent, et quelques-unes deviennent des vaisseaux qui s'enchevêtrent avec ceux de la tige. La racine, en se développant, reste simple ou se ramifie; mais cette ramification est très-irrégulière et bien différente de celle des tiges. Elle se termine par des *fibrilles* ou fils déliés, dont l'ensemble porte le nom de *chevelu*. Ces fibrilles se flétrissent avec l'âge, et il en apparaît de nouvelles vers les extrémités plus jeunes, qui pompent les sucs de la terre avec le plus d'activité. La racine se développe donc, non par ses fibrilles, qui sont temporaires, mais par l'extrémité de ses rameaux.

La racine est recouverte d'un épiderme qui diffère de celui des tiges en ce qu'il est constamment privé de stomates. On y observe souvent des poils destinés à augmenter l'absorption opérée par l'extrémité des ramifications.

Les fibres et les vaisseaux sont les mêmes que ceux de la tige; mais on n'y a pas encore reconnu de trachées. Le tissu cellulaire y est en général rempli de sucs et souvent de fécule, comme dans les Orchis.

Dans la racine on considère la durée, la forme, la direction.

Nous indiquerons d'abord les principales modifications de la racine envisagée sous ses divers points de vue, et nous dirons ensuite comment elle se présente dans les trois grandes classes de végétaux.

1° Sous le rapport de la durée, la racine est dite

Annuelle (①), quand elle naît et périt dans l'espace d'une année (le froment, l'avoine).

Bisannuelle (②), quand elle vit deux ans (l'oignon, la carotte).

Vivace (♃), quand sa durée est longue et indéterminée (le serpolet, la lavande). Si la plante vivace est *ligneuse*, c'est-à-dire arbre, arbrisseau ou sous-arbrisseau, on indique par un signe particulier qu'elle peut vivre très-longtemps. Le signe adopté est celui de Saturne (♄) qui met environ trente ans à faire sa révolution autour du soleil.

. 2° Sous le rapport de la forme, la racine est dite

. *Fusiforme*, lorsqu'elle est épaisse, allongée et insensiblement atténuée en forme de fuseau (la carotte, pl. 2, fig. 1).

Rameuse, lorsqu'elle se divise en plusieurs branches latérales (les arbres, les arbrisseaux pl. 2, fig. 2).

. *Fibreuse*, lorsque les branches sont minces et nombreuses (les graminées, pl. 2, fig. 3).

Chevelue ou *capillaire*, lorsqu'elle est composée de filets très-déliés, fins comme des cheveux.

. *Articulée*, quand elle a de distance en distance des impressions qui ressemblent à des articulations (la gratiole officinale).

. *Noueuse*, lorsque les fibres se renflent çà et là en nœuds imitant des grains de chapelet (la spirée filipendule, pl. 2, fig. 4).

. *Fasciculée* ou *en faisceau*, lorsque du collet partent plusieurs parties allongées et charnues formant par leur rapprochement une espèce de faisceau (l'asphodèle rameux, pl. 2, fig. 5).

. *Grumeleuse*, lorsque du collet partent plusieurs parties très-divisées comme dans les griffes de renoncule et d'anémone.

. *Tubereuse* ou *tuberculeuse*, lorsque toutes ses branches ou seulement quelques-unes se renflent en totalité, en affectant une forme globuleuse, ovoïde, ou plus ou moins allongée (l'orchis à larges feuilles, pl. 2, fig. 6, l'orchis militaire, pl. 2, fig. 7.) Ces renflements, qu'on appelle *tubercules*, ne sont autre chose que des amas de fécule destinés à nourrir le végétal.

. Les tubercules de dahlia sont des renflements de vraies racines; tandis que ceux de pommes de terre, qui leur ressemblent si fort, sont de véritables branches et appartiennent à la tige, comme nous le verrons plus loin dans l'article intitulé : *bourgeons* et *ramification*. En même temps, nous y parlerons des diverses sortes de bulbes, qu'autrefois on classait à tort parmi les racines, et qui sont réellement une modification de la tige de certaines plantes vivaces.

3° Sous le rapport de la direction, la racine est dite

Traçante ou *rampante*, lorsqu'elle s'enfonce peu et se prolonge parallèlement à la surface du sol en poussant çà et là de nouvelles fibres (pl. 2, fig. 8 et 9).

Horizontale, lorsque, sans s'étendre beaucoup, elle est parallèle à l'horizon.

Pivotante, lorsqu'elle s'enfonce perpendiculairement à l'horizon (la carotte, pl. 2, fig. 1, et presque tous les arbres forts, pl. 2, fig. 2). La racine d'une plante annuelle n'est jamais pivotante.

Indiquons maintenant les principales différences qu'offre la racine dans les trois grandes classes de végétaux.

Racine des dicotylédonées. — Les plantes de cette classe et surtout les arbres ont en général une racine pivotante; et ses ramifications acquièrent souvent des dimensions considérables. L'accroissement en diamètre a lieu, comme pour la tige, par la formation annuelle de deux zones concentriques et contiguës, l'une de bois, l'autre d'écorce. Mais il n'en est pas de même pour l'accroissement en longueur; car la racine s'allonge par son extrémité seulement, tandis que la tige et les branches croissent dans toute leur longueur, comme Duhamel s'en est convaincu en traçant des lignes également espacées sur une jeune racine et sur une jeune tige.

La racine diffère d'ailleurs de la tige par le défaut de moelle centrale et d'étui médullaire, son axe étant occupé par des fibres ligneuses. Elle est en outre toujours dépourvue de vrais bourgeons, quoiqu'elle puisse dans certaines circonstances produire çà et là des bourgeons dits *adventifs*.

Les racines aériennes se rencontrent ici très-rarement.

Racine des monocotylédonées. — Les plantes de cette classe ont en général une racine multiple, c'est-à-dire, composée dès la base de plusieurs rameaux simples ou peu divisés, qui naissent du collet.

Leur organisation intérieure est tout à fait la même que celle des tiges de monocotylédonées.

Les racines aériennes sont assez fréquentes.

Racine des acotylédonées. — Dans cette classe, il n'y a pas de radicule, ni par conséquent de vraie racine, comme nous l'avons déjà dit. Les cellules qui touchent le sol s'allongent, s'y enfoncent et y pompent la nourriture pour le végétal. Dans les acotylédonées munies d'une tige, comme les fougères, celle-ci émet des racines adventives, qui sont souvent aérien-nes, et offrent la même organisation que la tige d'où elles émanent, c'est-à-dire qu'elles sont, comme elle, ou uniquement composées de cellules, ou pourvues de fibres et de vaisseaux de même nature situés au milieu du tissu cellulaire.

TIGE.

La tige est la partie du végétal qui, croissant en sens inverse de la racine, cherche l'air et la lumière, soutient les feuilles, les fleurs et les fruits lorsque la plante en est pourvue, et porte vers ces divers organes les sucs pompés par la racine.

Les rameaux ou branches sont compris dans cette notion gé-nérale de la tige, dont ils ne sont que des subdivisions, et dont ils ont exactement l'organisation.

Toutes les plantes ont une tige plus ou moins apparente ; quelquefois celle-ci est tellement rabougrie, qu'elle paraît nulle (la jacinthe); alors le support des fleurs se nomme *hampe* ou encore *pédoncule radical.*

La *hampe* est un pédoncule nu ou sans feuilles, qui naît du collet de la racine, et s'élève du centre d'un assemblage de feuilles radicales, comme dans la jacinthe. Le *pédoncule radi-cal* sort, au contraire, de l'aisselle d'une de ces feuilles, comme dans le plantain. Mais cette distinction est peu impor-tante, et dans les descriptions nous avons employé indiffé-remment le mot *hampe* dans les deux cas.

Dans la tige on considère la consistance, la forme, la com-position, la direction, les accessoires et l'état de la surface.

Nous allons indiquer les principales modifications de la tige envisagée sous ses divers points de vue, et nous exposerons ensuite son organisation dans les trois grandes classes de vé-gétaux où elle présente des différences très-notables.

1° Sous le rapport de la consistance, la tige est dite

Ligneuse, comme dans les arbres ou arbrisseaux ; on l'appelle encore *tronc*.

Demi-ligneuse ou *sous-ligneuse*, comme dans les sous-arbrisseaux ; la base dure assez longtemps, et les rameaux ou les sommités périssent tous les ans (la morelle douce-amère).

Herbacée, lorsqu'elle est tendre, peu élevée, et périt d'ordinaire aux premiers froids. Les plantes à tige herbacée se nomment *herbes*.

Solide, lorsqu'elle est tout à fait pleine (l'orchis taché).

Fistuleuse, lorsqu'elle est creuse à l'intérieur (l'orchis à larges feuilles, l'oignon, la plupart des Graminées).

Charnue (la joubarbe).

Articulée, lorsqu'elle est formée de portions réunies bout à bout avec ou sans nœuds, se séparant facilement surtout dans leur vieillesse.

Noueuse, lorsqu'elle offre de distance en distance des nœuds solides plus ou moins renflés et difficiles à rompre (les Graminées). La tige des Graminées se nomme *chaume*; elle forme un cylindre creux dont le canal est interrompu par des cloisons qui correspondent aux nœuds, c'est-à-dire à la naissance des feuilles.

Dans les descriptions, on appelle encore *chaume* la tige des Cypéracées et des Joncées, qui est d'une consistance analogue à celle des Graminées, mais ordinairement dépourvue de nœuds. Celle des Cypéracées diffère encore en ce qu'elle est toujours pleine.

2° Sous le rapport de la forme, la tige est *cylindrique*, *triangulaire* ou *trigone*, *carrée*, *quadrangulaire* ou *tétragone*, *anguleuse*, etc., selon que la coupe transversale représente un cercle, un triangle, un carré, un quadrilatère, un polygone, etc. On la dit encore

Comprimée, lorsqu'elle est aplatie dans sa longueur (le paturin comprimé).

A deux tranchants, lorsqu'elle est tellement comprimée, que les deux angles sont tranchants (le perce-neige).

Ailée, lorsqu'elle porte des ailes saillantes (le genêt à tige ailée).

Grêle, lorsqu'elle est très-longue en comparaison de sa grosseur.

Filiforme ou *capillaire*, lorsqu'elle est fine comme un fil ou un cheveu.

Sétacée, lorsqu'elle est en même temps fine et raide, comme une soie de sanglier.

3° Sous le rapport de la composition, la tige est dite

Très-simple, lorsqu'elle s'étend d'un seul jet, et sans la moindre ramification de la base au sommet (les orchis).

Simple, lorsqu'elle se divise à peine au sommet.

Rameuse, lorsqu'elle se divise en branches et en rameaux.

Fourchue, lorsqu'elle se divise au sommet en deux branches simples.

Dichotome ou *plusieurs fois bifurquée*, lorsqu'elle se divise en deux branches qui sont elles-mêmes une ou plusieurs fois divisées en deux (la mâche).

Effilée, lorsqu'elle est longue, grêle, amincie au sommet, ou divisée en rameaux grêles et serrés en faisceau (l'osier).

Gazonnante, lorsque par la réunion de plusieurs tiges courtes et feuillées, elle forme le gazon.

On nomme *aisselle* le point où les branches sont insérées sur la tige, les rameaux sur les branches, les feuilles sur les rameaux.

4° Sous le rapport de la direction, la tige est dite

Dressée ou *verticale*, lorsqu'elle est perpendiculaire à l'horizon.

Droite, lorsqu'elle est sans courbure ni flexion dans toute sa longueur.

Raide, lorsqu'elle se relève tout à fait avec une sorte d'élasticité toutes les fois qu'on la courbe.

Oblique, lorsqu'elle s'élève obliquement à l'horizon.

Redressée, lorsqu'étant d'abord un peu couchée ou oblique à la base, elle se redresse en s'élevant.

Ascendante, lorsqu'étant d'abord couchée à la base, elle se recourbe en se rapprochant de la direction verticale.

Inclinée, *courbée* ou *penchée*, lorsqu'étant d'abord dressée ou un peu oblique, elle s'incline, se courbe ou se penche au sommet.

Couchée ou *étalée*, lorsque les tiges ou les rameaux s'étendent sur la terre sans y pousser de racines (le mouron).

Diffuse, lorsque les rameaux ont une direction horizontale.

Tombante, lorsqu'étant d'abord un peu redressée, elle retombe par faiblesse.

Radicante, lorsqu'elle émet çà et là des fibres radiculaires.

Rampante, lorsqu'étant couchée elle s'attache à la terre par des racines plus ou moins nombreuses qu'elle pousse çà et là (le lierre terrestre, la nummulaire).

Stolonifère ou *traçante*, lorsque le collet de la racine émet des jets qui l'enracinent et produisent des fleurs (le fraisier, la violette).

Flexueuse, lorsqu'elle se déjette d'un nœud à l'autre en formant des zigzags.

Genouillée, lorsqu'elle est fléchie à chaque nœud en forme de jarret plié.

Grimpante, quand elle se sert pour s'attacher aux corps voisins, de vrilles ou crampons (le lierre, le pois). Si elle s'y attache au moyen de racines, on la dit *radicante*. Ce terme s'emploie en général pour les tiges poussant des racines qui restent hors de terre.

Volubile, lorsqu'étant longue et faible, elle s'entortille en spirale sur les corps voisins et s'y soutient sans vrilles, ni crampons, ni racines (le liseron). Dans nos climats, la plupart des tiges grimpantes sont herbacées. Les branches de celles qui sont ligneuses et assez épaisses se nomment *sarments* (la vigne, le chèvrefeuille).

5° Sous le rapport des accessoires, on dit que la tige est *épineuse, aiguillonnée, écailleuse*, selon qu'elle porte des épines, des aiguillons ou des écailles. Je n'ai pas employé le mot aiguillonné dans les descriptions, où il se trouve remplacé par une périphrase. Lorsqu'on dit que la tige est *nue* ou *presque nue*, cela signifie qu'elle est dépourvue ou presque dépourvue de feuilles.

6° Sous le rapport de la surface, on dit que la tige est

Glabre, lorsqu'elle n'a pas de poils (la grande pervenche).

Lisse, lorsqu'elle est unie et n'offre aucune aspérité (le pavot).

Pulvérulente ou *poudreuse*, lorsqu'elle est couverte d'une poussière produite par la plante (la molène poudreuse).

Glauque, lorsque la poussière est fine, et couleur vert de mer ou un peu bleuâtre (le pigamon mineur).

Tachetée ou *ponctuée*, lorsqu'elle est parsemée de taches ou de points colorés (la ciguë, le cerfeuil).

Striée, lorsqu'elle est relevée de petites côtes longitudinales rapprochées.

Sillonnée ou *cannelée*, lorsqu'elle est creusée de sillons ou de cannelures dans sa longueur.

Tuberculeuse, lorsqu'elle est chargée de tubercules saillants.

Rude ou *âpre*, lorsqu'elle est garnie de points saillants ou crochus, ou de petits poils raides.

Pubescente, lorsqu'elle est garnie de poils mous et courts en forme de duvet (le saule blanc).

Velue, lorsque les poils sont assez longs, mous, rapprochés, plus ou moins couchés.

Poilue, quand les poils sont un peu écartés, assez fermes, droits et non couchés.

Hérissée ou *hispide*, lorsque les poils sont raides, plus ou moins écartés, perpendiculaires ou à peu près à la surface.

Soyeuse, quand les poils sont longs, doux et brillants.

Cotonneuse, lorsque les poils sont courts, serrés, entre-croisés ou ramifiés.

Laineuse, quand les poils sont longs et crépus.

Araneuse, lorsqu'elle est garnie de longs poils ou filaments entre-croisés, dont la texture offre plus ou moins de ressemblance avec une toile d'araignée.

Glanduleuse, lorsqu'elle est plus ou moins couverte de petites glandes. Ordinairement ces glandes sont portées par autant de poils dont elles forment le sommet, et qu'on nomme pour cette raison *poils glanduleux*. La surface qu'ils recouvrent est toujours plus ou moins visqueuse ou gluante.

Lorsqu'on veut exprimer une double modification de la tige, on réunit par un petit trait les deux mots qui l'expriment : par exemple, tige *pubescente-visqueuse* signifie que la tige est garnie de poils mous et courts en forme de duvet, et que ces poils sont visqueux.

TIGE DES DICOTYLÉDONÉES.

La tigelle, ainsi que le reste de l'embryon, n'est composée que de cellules avant la germination. Pendant que celle-ci s'effectue, quelques cellules, occupant des places déterminées, s'allongent en fibres et en vaisseaux, qui forment bientôt par leur multiplication plusieurs faisceaux disposés circulairement comme les rais d'une roue. Suivons cette comparaison très-propre à faire connaître l'organisation de la jeune tige, dont la coupe transversale offre exactement la figure d'une roue de voiture. Le moyeu est le cercle central uniquement cellulaire qu'on nomme la *moelle*; la circonférence de la roue ou le cercle des jantes est le cercle extérieur également cellulaire qui appartiendra à l'écorce; les rais sont les faisceaux composés de fibres et de vaisseaux, et que pour cette raison l'on appelle faisceaux *fibro-vasculaires*; les intervalles entre les rais sont ici représentés par ce qu'on nomme *rayons médullaires*. Ces rayons, uniquement formés de tissu cellulaire, servent de communication entre la moelle et l'écorce. Ils sont d'abord larges et peu nombreux; mais comme il s'y développe successivement de nouveaux faisceaux intermédiaires aux premiers et dont l'ensemble finit par former une zone fibro-vasculaire continue, les rayons médullaires n'y apparaissent plus que comme des traits fort déliés. Enfin, le cercle de fer qui entoure les jantes représentera l'épiderme.

Tel est en général l'état parfait de la tige des plantes herbacées ou annuelles, qui souvent même ne l'atteint pas complétement. Tel est aussi l'état de la tige ou des rameaux des plantes ligneuses après la première année de leur développement.

Pour mieux reconnaître les éléments constitutifs d'une tige d'un an, si l'on examine attentivement au microscope une petite tranche transversale d'un jeune rameau pris sur l'un des arbres de nos forêts, comme le chêne, le sureau, l'érable, on remarque un cercle central entouré de six zones circulaires concentriques, en tout sept parties distinctes par le tissu et la couleur, et qui, en allant du centre à la circonférence, sont : 1° la moelle ; 2° la zone fibro-vasculaire ; 3° le *cambium* ; 4° les fibres corticales ou *liber*; 5° l'enveloppe cellulaire proprement dite ; 6° l'enveloppe subéreuse ou *suber*; 7° l'épiderme.

1° *Moelle.* — La moelle ou moelle centrale occupe au centre un cercle dont le diamètre égale environ la moitié de celui du rameau. La partie centrale se compose de grandes cellules diaphanes, peu serrées, et par suite ayant à peu près la forme d'une sphère ou d'un polyèdre circonscrit par un assez grand nombre de faces, comme dans les tissus lâches. Mais à mesure que les cellules se rapprochent de la circonférence, elles diminuent de grandeur, forment un tissu plus serré, et prennent une couleur verte assez prononcée. C'est là que commencent les rayons médullaires qui traversent les autres zones en divergeant jusqu'à la circonférence du rameau, et en verdissant de plus en plus.

2° *Zone fibro-vasculaire.* — Cette zone, qui est bien plus large que l'ensemble des cinq autres, se compose de faisceaux fibro-vasculaires en forme de coins émoussés, séparés entre eux par les minces rayons médullaires, et divergeant de même en allant de la circonférence de la moelle vers celle du rameau. Leur tissu, qui est extrêmement serré, offre, à partir de la moelle centrale, des trachées déroulables entremêlées de fibres blanches à parois épaisses, dont l'ensemble constitue ce qu'on appelle l'*étui médullaire*, parce qu'il embrasse immédiatement la moelle. En dehors de l'étui se trouvent des fibres dites *ligneuses*, ayant des parois moins épaisses que les premières et une cavité plus grande. Elles sont disposées par séries rayonnantes et entremêlées de vaisseaux (toujours autres que les trachées), dont les plus gros et les plus extérieurs sont des vaisseaux ponctués. Ces vaisseaux se distinguent aisément du reste du tissu à la grandeur de leur ouverture.

3° *Cambium.* — On appelle ainsi une zone fort étroite de tissu cellulaire verdâtre et gélatineux, qui sépare la zone fibro-vasculaire de celle des fibres corticales, et joue un grand rôle dans le développement ultérieur de la tige.

4° *Fibres corticales* ou *liber.* — Ces fibres forment une zone légèrement sinueuse ou festonnée, quoiqu'en général très-régulière. Elles sont analogues aux fibres ligneuses, mais plus longues, plus grêles, plus consistantes et d'un blanc plus brillant. Les petits arcs ou dents du feston forment autant de faisceaux corticaux qui correspondent aux faisceaux fibro-vasculaires et n'en sont séparés que par le cambium. Ils sont eux-mêmes séparés entre eux par les prolongements des rayons médullaires. Immédiatement en dehors et même dans l'intérieur de la zone on trouve des vaisseaux propres ou lacti-cifères ; et de là provient le liquide laiteux qu'on voit suinter sur les bords de la plaie d'une jeune branche dont on enlève l'écorce au printemps.

5° *Enveloppe cellulaire.* — Autrefois on confondait sous ce nom les deux couches cellulaires qui constituent le paren-chyme cortical. On les distingue aujourd'hui avec raison à cause de la diversité de leur nature; l'intérieure ayant conservé l'ancien nom, et l'extérieure ayant reçu celui d'*enveloppe subé-reuse*. La première se compose de cellules arrondies ou polyé-driques, assez irrégulièrement disposées en tissu lâche, et sépa-rées par des méats ou des lacunes. Elles sont presque tou-jours colorées en vert par la chlorophylle, ce qui a fait encore donner à leur ensemble le nom de *couche verte*.

6° *Enveloppe subéreuse* ou *suber.* — Cette couche se com-pose de cellules cubiques ou tabulaires, très-régulièrement disposées en tissu serré. Elles sont blanchâtres ou brunes, mais jamais vertes, ce qui les fait aisément distinguer des pré-cédentes. Cette couche prend dans certains arbres, comme le chêne-liége, un développement considérable, et forme la sub-tance appelée liége (*suber*) d'où est venu son nom.

7° *Épiderme.* — L'épiderme, dont nous nous sommes déjà occupé, se présente ici sous la forme d'une pellicule rougeâ-tre recouverte de duvet. Les poils qui le composent, provien-nent de certaines modifications de cellules dont le sommet se bombe et se prolonge en s'atténuant.

Les diverses parties que nous venons d'énumérer consti-tuent deux systèmes très-distincts, qui croissent séparément et en sens inverse l'un de l'autre : l'intérieur, formé par la moelle et la zone fibro-vasculaire, se nomme le *système li-gneux*; l'extérieur, formé sous l'épiderme par les deux enve-loppes cellulaires et par le liber, se nomme le *système cortical*. Tous deux sont séparés par le *cambium*.

Le cambium ne peut s'organiser dans les tiges herbacées qui périssent dès la première année. Mais dans les tiges vivaces ou ligneuses, le tissu gélatineux dont il se compose ne tarde pas à s'épaissir par degrés au printemps de la deuxième année, et produit par sa transformation des organes analogues à ceux du rameau d'un an. De là provient le nom de *cambium* donné au tissu dont il s'agit.

Deux nouvelles couches se forment donc dans ce tissu, l'une corticale, l'autre ligneuse; elles se moulent sur leurs aînées dont presque toujours elles ont exactement l'organisation, si ce n'est que la couche ligneuse secondaire est totalement dépourvue de trachées, ces vaisseaux ne se trouvant jamais que dans l'étui médullaire. La portion de cambium, en contact avec les rayons médullaires, conserve son organisation en cellules, de sorte que ceux-ci se continuent sans interruption de la moelle centrale aux enveloppes cellulaires.

Les deux couches développées la seconde année sont également séparées par une petite zone de cambium, qui, dans la troisième année, va produire une nouvelle couche de bois et une nouvelle couche d'écorce; ainsi de suite, chaque année. On a donc, au bout d'un certain nombre d'années, autant de couches concentriques soit de bois, soit d'écorce. Celles-ci sont très-minces et très-difficiles à distinguer entre elles. Mais les couches de bois, dont l'ensemble forme presque toute l'épaisseur de la tige ou du rameau, sont faciles à observer.

Voyons maintenant quelles modifications l'âge fait subir aux diverses parties qui constituent, soit le système ligneux, soit le système cortical, et à cet effet examinons-les dans une tige d'un certain nombre d'années.

SYSTÈME LIGNEUX.

Moelle. — Nous ajouterons peu de chose à ce que nous en avons déjà dit. La moelle est située vers le centre de la tige et se moule sur l'étui médullaire qui est la couche la plus interne du bois. Ses formes sont assez variées, comme il est facile de le voir sur la coupe transversale de différentes espèces d'arbres, où son pourtour représente tantôt un cercle, un triangle, un carré, un polygone, tantôt une étoile, une croix, etc.

C'est d'abord un réservoir de suc pour la jeune plante, comme on peut le reconnaître à la couleur verte des cellules dont elle se compose, et qui sont remplies de liquides. Mais peu à peu les cellules se dessèchent, en commençant par les plus centrales, de sorte qu'après la première année elles ne contiennent plus que de l'air. Souvent la moelle conserve son état de masse uniforme et ordinairement blanchâtre, mais d'autres fois elle se déchire en formant, surtout vers le centre, des lacunes considérables, comme on peut l'observer dans le chardon, la vigne et le noyer. On voit même presque toujours les vieux saules se creuser intérieurement, sans pour cela que leur force de végétation diminue; et l'expérience a montré que des arbres dont on avait enlevé la moelle produisaient la même quantité d'aussi bons fruits qu'avant cette opération. Ainsi, au bout d'un certain temps, la moelle est devenue complétement inutile.

Bois.—On donne ce nom à l'ensemble des couches ligneuses successivement produites une par année. Dans cet intervalle de temps, la couche se développe peu à peu jusqu'à une certaine limite, et acquiert ses dimensions définitives; de sorte que son pourtour extérieur devient une base invariable sur laquelle viendra se mouler la couche de l'année suivante. A l'exception des trachées qu'on ne trouve jamais que dans l'étui médullaire, chacune est composée de fibres et de vaisseaux presque toujours d'un bien plus grand diamètre, et y occupant des positions déterminées pour chaque espèce de plantes. Par exemple, dans le chêne et dans l'orme, chaque couche ligneuse offre à son bord interne une ou plusieurs séries de trous, qui sont les ouvertures béantes d'autant de gros vaisseaux, tandis que toute la partie s'étendant depuis là jusqu'au bord externe paraît pleine, tant les fibres dont elle se compose sont fines et serrées. Dans le charme, l'érable, le tilleul, les couches ligneuses sont à la vérité dépourvues de gros vaisseaux, mais elles semblent perforées dans presque toute leur largeur par une multitude de petits trous qui sont les ouvertures de vaisseaux médiocres et à peu près de même calibre. Or, ces vaisseaux manquent toujours près du bord externe uniquement formé de fibres très-serrées et plus ou moins colorées. D'autres fois, enfin, le bord de chaque couche est dessiné par une rangée de cellules. Ainsi, sauf quelques cas très-rares, on distinguera facilement les couches annuelles l'une de l'autre.

Si donc on coupe, près de la base, un arbre, une branche, un rameau, on déterminera leur âge en comptant le nombre de leurs couches ligneuses concentriques, qui peuvent ainsi être regardées comme autant de générations emboîtées les unes dans les autres.

Ces couches sont d'autant plus denses et plus dures, qu'elles sont plus anciennes ou plus intérieures. En effet, les sucs liquides, qui remplissent d'abord les cavités de leurs organes élémentaires encore jeunes, s'évaporent peu à peu ou forment de nouvelles combinaisons chimiques, de sorte que les autres matières contenues dans les mêmes cavités se solidifient de plus en plus et finissent par constituer ce qu'on appelle le *ligneux*. Alors les parois fibreuses qui s'étaient d'abord épaissies par l'addition successive de nouvelles membranes juxtaposées, s'imprègnent, dans presque toute leur épaisseur, du principe ligneux qui leur donne une plus grande densité, et qui, variant selon les espèces d'arbres, communique aux fibres les propriétés dont il jouit.

L'ensemble des couches intérieures, ainsi solidifiées et arrivées à l'état parfait, constitue ce qu'on appelle proprement le *bois* ou le *cœur*. Les couches extérieures, plus jeunes et encore imprégnées de sucs liquides, forment l'*aubier*. Ce dernier est plus tendre, plus délicat et bien plus altérable que le bois qui a cessé d'être perméable aux fluides et a perdu toute son activité vitale.

Dans les bois colorés, le cœur offre une couleur particulière à chaque essence, et qui le distingue encore de l'aubier pâle ou blanchâtre, ce qui lui a fait donner son nom (en latin *alburnum*). Ce contraste est surtout frappant dans les bois fortement colorés, particuliers aux pays chauds, comme l'ébène ou le palissandre, où le cœur est très-noir et l'aubier très-blanc. Mais dans la plupart des arbres de nos climats, le passage de l'un à l'autre a lieu par une gradation plus ou moins insensible, et même il est impossible de les distinguer à la vue dans les arbres qu'on appelle *bois blancs*, comme le peuplier. Les bois plus fortement colorés sont aussi les plus durs et les plus recherchés dans les travaux d'ébénisterie.

Le cambium, étant trop délicat pour résister au froid d'un hiver très-rigoureux, ne peut s'organiser dans ce cas, ni par conséquent produire une couche ligneuse au printemps suivant. De là résulte une lacune que viennent recouvrir les couches ligneuses des années suivantes, ce qui fournit un moyen de reconnaître la date des hivers très-froids. C'est ce que l'expérience a confirmé lors de la coupe faite en 1800 dans la forêt de Fontainebleau, et où se trouvait un genévrier offrant, dans l'intérieur des couches ligneuses, une lacune recouverte de 91 autres couches. Il s'était donc écoulé 91 ans depuis l'époque où cette lacune avait eu lieu, ce qui correspondait à l'hiver de 1709, l'un des plus froids en effet dont notre histoire fasse mention.

On conserve, au jardin des Plantes à Paris, un bel échantillon d'un hêtre abattu en 1805 et portant la date de 1750. L'inscription avait traversé toute l'épaisseur de l'écorce et entamé l'aubier. Or l'aubier croissant toujours en épaisseur extérieurement, tandis que l'écorce croit au contraire à l'intérieur, les traces de l'incision dans l'aubier avaient été recouvertes par les couches d'aubier produites les années suivantes, et les traces dans l'écorce avaient été refoulées à l'extérieur par les nouvelles couches d'écorce développées en même temps. On compte en effet 55 couches ligneuses entre les deux traces de la date. On voit par là que les inscriptions faites sur les arbres pour rappeler un nom, une date, doivent durer autant que l'arbre lui-même et rester toujours distinctes, pourvu toutefois qu'elles soient assez profondes et en même temps assez grandes pour que les déchirures de l'écorce ne les rendent pas illisibles.

Lorsqu'on coupe en travers le tronc d'un arbre, on remarque souvent que les couches ligneuses sont loin d'être régulièrement concentriques et d'égale épaisseur. Cette irrégularité s'observe surtout sur les arbres pris à la lisière des forêts, l'épaisseur mesurée depuis la moelle jusqu'à l'écorce étant presque toujours plus petite du côté situé vers la forêt que du côté opposé. Cela provient principalement du voisinage des arbres qui, absorbant la plus grande partie de la nourriture du sol, en laissent bien moins pour les racines de l'arbre tournées de ce côté que s'il était isolé. Cet effet s'augmente encore par la différence d'exposition des deux parties de l'arbre, dont l'une est comme masquée par l'ombre de la forêt, tandis que l'autre reçoit librement l'action bienfaisante de la lumière.

En général, un arbre grossit moins lorsqu'il est placé dans des circonstances peu favorables à son développement; mais dans un même terrain, plus un arbre croît vite, et plus la quantité d'aubier sera grande, parce qu'il lui faut toujours un certain temps pour devenir du bois parfait. C'est pourquoi les arbres qui croissent rapidement ou dans un sol humide, comme le saule et le peuplier, ne donnent que du bois blanc, c'est-à-dire de l'aubier, tandis que les arbres qui croissent lentement et dans des terrains arides, comme le chêne, donnent du bois très-dur. Il faut toutefois que le sol puisse leur fournir une nourriture suffisante. On a trouvé un chêne offrant d'un côté 21 couches d'aubier, et de l'autre seulement 14 couches distinctes, le terrain n'étant pas aussi fertile de ce côté que du premier. Les chênes des plaines humides sont bien moins durs que ceux des montagnes ou des collines pierreuses; aussi les voitures d'artillerie construites à Strasbourg ont une durée très-inférieure à celles de Grenoble. Dans un même arbre, la partie exposée au nord est plus dense que la partie exposée au midi.

Rayons médullaires. — Nous avons indiqué la composition et la multiplication des rayons médullaires. Nous avons dit qu'ils s'étendent de la moelle centrale aux enveloppes cellulaires de l'écorce, sans être interrompus par la formation des nouvelles couches, soit ligneuses, soit corticales, parce que le cambium reste cellulaire dans les parties qui correspondent aux rayons. Si chaque faisceau ligneux nouvellement formé restait simple comme celui sur lequel il s'applique, le nombre des rayons médullaires serait invariable. Mais leur nombre augmente successivement chaque année, parce que de la base externe du faisceau primitif partent une ou plusieurs séries longitudinales de cellules qui de là se prolongent jusqu'à l'écorce et coupent ainsi le nouveau faisceau en deux ou trois parties. Ces rayons diffèrent donc des premiers en ce qu'ils ne commencent pas comme eux à la limite de la moelle centrale ; c'est pourquoi on les nomme *petits rayons*, pour les distinguer des premiers qu'on appelle *grands rayons*. Lorsqu'on observe les rayons sur la tige fendue dans sa longueur, on trouve qu'ils sont composés de cellules allongées et superposées, formant des espèces de cloisons verticales très-minces. On a comparé ces cloisons à un mur dont les cellules, placées par couches les unes au-dessus des autres, seraient des pierres. De là le nom de *tissu muriforme* donné aux rayons médullaires.

On voit par ce qui a été dit tout à l'heure que les rayons sont les plus nombreux dans la partie du bois avoisinant l'écorce ; c'est aussi là qu'ils ont leur plus grande largeur et sont composés de cellules plus lâchement unies. De plus, comme le tissu cellulaire du bois non-seulement ne croît plus, mais meurt peu après la formation de la tige, tandis que celui de l'écorce garde une grande énergie vitale, il résulte de tout cela que les rayons médullaires du bois se relient bien moins au système ligneux qu'au système cortical dont nous allons nous occuper.

SYSTÈME CORTICAL.

Fibres corticales ou *liber*. — Ces fibres sont réunies en faisceaux séparés de ceux du bois par une couche de cambium. Elles sont plus longues, plus grêles, et surtout plus tenaces que les fibres ligneuses ; aussi les emploie-t-on avec le plus grand avantage, surtout celles du chanvre et du lin, pour la fabrication des fils, des cordages et des tissus. Les faisceaux corticaux, dont l'ensemble forme une zone concentrique à la zone ligneuse, sont séparés entre eux par des rayons médullaires situés la plupart dans le prolongement de ceux du bois, mais plus larges et moins denses. Souvent ils ont une direction verticale rectiligne, comme dans le marronnier d'Inde ; d'autres fois ils se réunissent de distance en distance, comme dans le chêne, pour former un réseau semblable à de la dentelle, et dont les interstices sont occupés par les rayons médullaires. En général, les faisceaux ou les réseaux sont disposés par

couches concentriques, dites *couches corticales;* et chaque
année il s'en produit une nouvelle souvent divisible elle-
même en d'autres plus minces. C'est pourquoi elles ont été as-
similées aux feuillets d'un livre, d'où est venu leur nom de
liber.

Enveloppe cellulaire. — Nous ne la rappelons guère ici que
pour mémoire. Elle est située entre le liber et la couche subéreuse dont elle se distingue par ses cellules polyédriques à parois plus épaisses et surtout par la chlorophylle qui les colore
en vert.

Enveloppe subéreuse. — On la nomme ainsi, parce que, dans
certains arbres, elle forme ce qu'on appelle le liége *(suber).*
Elle est immédiatement située sous l'épiderme, et se compose
de cellules serrées, cubiques ou tabulaires, et dont les parois
minces sont incolores ou à la fin colorées en brun. Dans le
plus grand nombre des cas, cette enveloppe ne prend aucun développement remarquable, mais dans le chêne-liége elle atteint une grande épaisseur, et sert à confectionner les bou-
chons. Dans le bouleau blanc, c'est l'enveloppe subéreuse qui
se détache de l'écorce sous la forme de plaques brunes en dedans et blanches en dehors. La partie brune est formée de cellules tabulaires qui se sont bien plus développées que celles de
la partie blanche ; et par suite les couches se séparent plus aisément de la tige lors de son accroissement.

Dans les cas nombreux où l'enveloppe subéreuse ne se développe pas, elle disparaît bientôt avec l'épiderme. La tige est
alors recouverte par une couche de cellules nommée *périderme,*
et qui se forme soit à la surface de l'enveloppe cellulaire, soit
dans son épaisseur. Le premier cas se rencontre dans le pla-
tane, où le périderme, toujours repoussé en dehors par de
nouvelles couches sous-jacentes, se détache par plaques. Le
second cas a lieu dans le tilleul et dans le genévrier, où le périderme repousse les enveloppes cellulaires et fibreuses où il
s'est formé ; alors celles-ci se détachent tantôt par écailles,
comme dans le tilleul, tantôt par larges feuillets, comme dans
le genévrier.

Remarque. — Il résulte de ce qui précède que, d'après la différence du mode de développement des deux systèmes consti-

tuant la tige, le bois doit tendre à se solidifier, et l'écorce à se détruire. En même temps que cette destruction des parties extérieures a lieu, une production continuelle de cellules s'opère dans le parenchyme de l'écorce; et suivant qu'elle s'exécute à une plus grande profondeur, un plus grand nombre des parties constituantes de l'écorce sont repoussées vers la circonférence et finissent par se détacher dans l'ordre suivant, d'abord l'épiderme, puis l'enveloppe subéreuse, enfin l'enveloppe cellulaire, et souvent même le liber.

TIGE DES MONOCOTYLÉDONÉES.

Nous avons déjà parlé de l'embryon monocotylédoné qui reste entièrement cellulaire, de même que le dicotylédoné, jusqu'à l'époque de la germination. Alors il se forme également dans la jeune tige des faisceaux fibro-vasculaires d'abord disposés circulairement; mais à mesure que la plante se couvre de feuilles plus nombreuses, les nouveaux faisceaux, qui en même temps se développent dans le tissu cellulaire, n'affectent aucun ordre apparent; seulement ils sont d'autant plus nombreux, plus serrés et plus colorés, qu'ils se trouvent plus rapprochés de la circonférence où ils forment une espèce de zone noirâtre. La partie centrale, toujours dépourvue d'étui médullaire, n'offre qu'un très-petit nombre de faisceaux, ou même en est totalement privée, comme dans les Graminées; alors cette espèce de moelle centrale, ne pouvant pas suivre la tige dans son développement, se déchire et disparaît bientôt ou à peu près, de sorte que la tige finit par devenir fistuleuse ou semblable à un tuyau de plume.

Chaque faisceau pris isolément offre d'ailleurs une organisation analogue à celle que nous avons signalée dans les dicotylédonées, et présente de même, en allant de dedans en dehors, des trachées, de plus gros vaisseaux rayés ou ponctués, des vaisseaux propres ou laticifères, et des fibres à parois épaisses analogues à celles du liber. En outre, les premiers vaisseaux sont entourés de cellules ponctuées, dont quelques-unes s'allongent en fibres.

Mais là s'arrête la ressemblance d'une dicotylédone et d'une

monocotylédone. Dans la première, les faisceaux sont disposés en zones concentriques, et environ au bout d'un an, chacun d'eux se sépare en deux portions, dont l'une continue à
faire partie du système ligneux, et l'autre va se rattacher au
système cortical, l'intervalle des deux portions devant produire au bout d'une autre année un nouveau faisceau également divisible. Or, dans la tige monocotylédonée, les faisceaux
sont disséminés sans ordre dans le tissu cellulaire, et se multiplient sans être gênés par des pressions latérales; chacun d'eux
reste toujours simple et séparé de ses voisins, non par des
rayons médullaires, mais par du tissu cellulaire irrégulièrement disposé. Les faisceaux, dont la réunion constitue la partie solide de la tige, étant plus nombreux et plus rapprochés
vers la circonférence que dans le centre, il en résulte que la
solidité décroît de la circonférence vers le centre, contraire-
ment à ce qui a lieu dans les dicotylédonées.

La direction longitudinale des faisceaux dans les deux tiges
offre une différence encore plus frappante. Dans les dicotylédonées, les faisceaux les plus jeunes sont les plus extérieurs,
et les faisceaux contemporains restent à peu près parallèles, de
manière à former un cylindre par leur réunion. Or dans les
monocotylédonées les choses se passent bien autrement. Tous
les faisceaux viennent aboutir aux feuilles ordinairement
groupées au sommet de la tige, et dont les plus jeunes sont
les plus centrales. Chacun d'eux, considéré de haut en bas, à
partir du point de la tige où il va pénétrer dans une feuille,
descend d'abord obliquement en décrivant un arc vers la partie centrale, puis verticalement, puis enfin obliquement vers
la circonférence, c'est-à-dire en sens inverse de sa direction
primitive; arrivé sous l'écorce, il descend en ligne droite ou à
peu près. Ainsi, dans ce trajet, le faisceau a croisé successivement tous ceux qui étaient situés au-dessous de lui ou formés
avant lui, puisqu'ils aboutissaient à des feuilles inférieures ou
plus anciennes. Il résulte de là que les faisceaux les plus jeunes sont aussi les plus extérieurs, mais au lieu d'être parallèles, ils divergent dans le bas, et convergent les uns vers les
autres dans le haut, décrivant dans leur trajet une courbe à
double courbure ou plutôt tortueuse en divers sens. Ainsi s'é-

vanouit la loi généralement adoptée depuis longtemps, d'après laquelle on distinguait les dicotylédones des monocotylédones d'après leur mode de croissance, appelant les premiers *exogènes* ou croissant en dehors, et les autres *endogènes* ou croissant en dedans. Les plantes des deux classes croissent également en dehors, comme on vient de le voir ; mais les naturalistes avaient été induits en erreur en ne suivant la marche des faisceaux aboutissant aux jeunes feuilles que dans la partie de leur courbe comprise entre le point d'insertion et le point où, après s'être rapprochés du centre, ils commencent à se diriger en bas, et par conséquent les faisceaux les plus jeunes devaient leur paraître les plus intérieurs.

Au reste, un caractère qui distingue essentiellement un vaisseau de monocotylédone, c'est qu'il offre une composition différente selon qu'on l'examine à diverses hauteurs. Dans la partie supérieure et centrale de la courbe, les fibres épaisses formant l'extérieur du faisceau n'occupent au plus que la moitié de son épaisseur; mais elles deviennent de plus en plus nombreuses, à mesure que le faisceau en descendant se rapproche de la circonférence. En même temps, le nombre des trachées et des gros vaisseaux environnés de cellules diminue, de sorte qu'à un certain point ils ont complétement disparu, le faisceau n'étant plus alors formé que de fibres. Arrivé à la couche cellulaire représentant l'écorce, et qu'il longe en descendant, le faisceau s'amincit et se partage en plusieurs filets grêles ou analogues au chevelu des racines, lesquels s'entrecroisent avec ceux des faisceaux voisins. De là résulte, en dedans de la couche cellulaire qui sert d'écorce, une zone lâche et peu colorée, que sa situation a quelquefois fait prendre pour une couche de liber, mais qui, formée par l'extrémité inférieure des fibres ligneuses, diffère essentiellement de ce qu'on nomme ainsi dans les dicotylédones, et d'ailleurs ne se présente pas toujours.

Si maintenant on examine une section transversale de la tige, on verra la partie centrale occupée par les ouvertures des trachées et des gros vaisseaux accompagnés de points fibreux assez rares. Ils appartiennent à la portion supérieure des faisceaux, principalement composée de vaisseaux et de cellules. La partie centrale se change insensiblement vers la circonférence en une zone plus solide formée de points durs et colorés. Ceux-ci appartiennent à la moitié inférieure des faisceaux, principalement composée de fibres ligneuses analogues à celles du liber. En dehors de la zone compacte se montrent ordinairement des points moins serrés provenant de l'extrémité amincie des mêmes fibres ligneuses. Enfin, la partie la plus extérieure de la tige, nommée par analogie écorce, consiste en une couche cellulaire, qui, d'abord recouverte par l'épiderme, se montre souvent épaissie par la base persistante des feuilles.

En général, la tige offre à peu près la même grosseur depuis le bas jusqu'en haut. Cette uniformité de diamètre provient de ce que les faisceaux, au lieu d'être également épais dans toute leur longueur, sont graduellement amincis dans le bas, et finissent sans doute par disparaître ; de sorte que la base de la tige, qui, dans les dicotylédones, possède la totalité des vaisseaux d'ailleurs non diminués, ne les contient pas tous ici, et le nombre de ceux qui peuvent parvenir jusque-là se compense par la diminution de volume des vaisseaux supérieurs. Or ce que nous venons de dire pour la base s'applique à une section faite à une hauteur quelconque.

TIGE DES ACOTYLÉDONÉES.

L'embryon acotylédoné, aussi nommé *spore*, n'est le plus souvent, comme nous l'avons dit, qu'une cellule pleine d'une matière granuleuse. Pendant la germination, la partie en contact avec le sol s'allonge en tube radiculaire ; la partie opposée s'accroît par le développement de nouvelles cellules contiguës à la première, et en général s'étend sous la forme d'une lame mince parallèle au sol ou à la surface qui la supporte. Dans un grand nombre de cas, la plante s'arrête à cet état uniquement cellulaire, comme il arrive pour les Algues, les Champignons, les Lichens. Les Mousses et les *Hépatiques* offrent une tige composée de cellules allongées entremêlées de quelques fibres. Enfin, les Marsiléacées, Lycopodes et des Fougères de nos contrées ont une tige formée de cellules réunies autour d'un faisceau central et aplati, tantôt simple, tantôt multiple. Ce faisceau ne présente que des vaisseaux annulaires ou scalariformes, au moins dans la partie blanche qui en occupe presque toute la largeur, et qui est entourée d'une zone noire très-fine, composée de fibres ligneuses. Dans nos climats, les Fougères sont herbacées, ou leur tige, quand elle est vivace, rampe sous terre, ce qui lui a fait donner le nom de rhizome. Mais dans les pays chauds, il n'est pas rare de voir les Fougères se développer en arbres atteignant jusqu'à vingt mètres de haut. Alors elles offrent un tronc simple, à peu près de même grosseur dans toute son étendue, et terminé par un bouquet de feuilles, comme les monocotylédonées. Mais elles en diffèrent essentiellement par leur organisation intérieure, comme on peut le reconnaître sur une section transversale du tronc. On y voit en effet, au lieu de petits faisceaux ligneux disséminés dans toute son étendue, une seule ligne circulaire de très-gros faisceaux situés près du pourtour de la tige, et circonscrivant un vaste espace central et cellulaire analogue à la moelle. Ces faisceaux, très-variés dans leur forme, sont quelquefois séparés entre eux par du tissu cellulaire, et d'autres fois réunis en une espèce d'anneau sinueux et continu, en dehors duquel on trouve une zone cellulaire recouverte, d'abord par l'épiderme, et plus tard par la base persistante et endurcie des feuilles. Le centre des faisceaux est occupé par un amas de vaisseaux blanchâtres annulaires ou scalariformes, et entouré d'une zone noirâtre de fibres ligneuses.

La tige des acotylédones est ordinairement simple; quelquefois elle paraît se ramifier, comme dans plusieurs Fougères et Lycopodes, mais il est facile de reconnaître que la ramification a lieu non par le développement d'un rameau latéral, mais par le dédoublement de l'extrémité qui se bifurque par suite de la présence de deux bourgeons terminaux; et ainsi de suite à chaque ramification. Par conséquent les tiges des acotylédones diffèrent essentiellement de celles des végétaux cotylédonés, en ce qu'elles croissent seulement au sommet par l'allongement des faisceaux primitifs, tandis que dans les autres il se développe successivement de nouveaux faisceaux à la surface des premiers.

La famille des Prêles fait seule exception à cette loi générale des acotylédonées, par ses tiges articulées de distance en distance, solides seulement dans leur pourtour presque entièrement cellulaire, et vides à l'intérieur formant une espèce de canal cylindrique. Ce canal est coupé par des cloisons situées dans le plan des articulations, et de là naissent des rameaux disposés en cercle.

BOURGEONS ET RAMIFICATIONS.

Le bourgeon est une production latérale de la tige ; c'est une branche à son premier état. Il croît ordinairement à l'*aisselle* d'une feuille, c'est-à-dire, dans l'angle formé par la feuille et par la tige. Ce n'est d'abord qu'un petit amas de tissus cellulaires, caché sous l'écorce à l'extrémité d'un rayon médullaire. Bientôt il se fait jour à travers l'écorce qu'il repousse, et apparaît sur la tige. Quelque temps après, les cellules dont il est formé s'organisent en fibres et en vaisseaux, qui communiquent avec leurs analogues dans la tige. Mais l'étui médullaire du jeune rameau se ferme à son origine, comme celui de la tige s'est fermé au collet de la racine.

Les branches ne sont donc pas de simples prolongements ou subdivisions du tronc ; ce sont de nouveaux êtres qui se développent chaque année sur le tronc d'où ils tirent leur nourriture, au lieu de se suffire à eux-mêmes comme l'embryon.

Ordinairement, au moins dans nos contrées, les premières feuilles du bourgeon sont écailleuses, et de là le nom d'*écailles* sous lequel on est convenu de les désigner, quoiqu'elles n'affectent pas toujours cette forme. Elles servent à préserver des rigueurs du froid les autres feuilles plus intérieures, et à cet effet elles sont tantôt enduites extérieurement d'une matière visqueuse ou résineuse, comme dans plusieurs peupliers, tantôt garnies intérieurement d'une substance cotonneuse, comme dans la plupart des saules. Mais les arbres des pays chauds et les plantes que nous élevons dans nos serres ont leurs bourgeons dépourvus de cette enveloppe écailleuse, c'est-à-dire que les feuilles extérieures sont analogues aux intérieures. On dit alors que les bourgeons sont *nus*, et par opposition les autres sont appelés *écailleux*.

Les bourgeons commencent à paraître en été, lorsque la végétation est dans toute sa force, et sont alors désignés sous le nom d'*yeux*. Ils croissent un peu en automne et se nomment *boutons*. Stationnaires pendant l'hiver, ils se développent seulement au printemps suivant, et deviennent définitivement des *bourgeons*.

Ceux qui doivent se développer en feuilles ou en jeunes rameaux sont en général pointus, ou au moins ont une forme allongée ; on les nomme *bourgeons foliacés*. D'autres plus courts et de forme arrondie ne renferment ordinairement que des fleurs ; on les appelle *bourgeons floraux*. Enfin, il en est qui produisent à la fois des feuilles et des fleurs, comme ceux du lilas où l'on trouve une petite grappe de fleurs toute formée au milieu des feuilles et qui s'épanouit plus tôt qu'elles. Souvent il est difficile de distinguer entre eux ces diverses espèces de bourgeons, mais le jardinier ne s'y trompe pas.

Les diverses branches qui naissent sur une tige proviennent donc de l'évolution des bourgeons. Ces branches émettent à leur tour d'autres bourgeons qui s'allongent en rameaux destinés eux-mêmes à en produire de nouveaux, comme autant de générations successives implantées sur la tige mère ; et si l'on donne à celle-ci le nom d'*axe primaire*, on pourra nommer *axes secondaires* les branches qui s'y implantent immédiatement ; *tertiaires*, celles qui proviennent des secondaires, etc.

Les branches sont herbacées pendant la première année de leur développement, et se nomment alors *scion*. C'est seulement à partir de la deuxième année qu'elles renferment des couches ligneuses ; et dès lors elles en acquièrent une chaque année, comme le tronc. Ainsi la branche qui naît sur une tige âgée d'un an, contiendra toujours une couche ligneuse de moins que le tronc. Si elle naît après deux, trois, etc. ans, elle contiendra toujours deux, trois, etc. couches de moins que la tige. Il est donc bien évident que les branches ne sont pas des subdivisions du tronc, mais bien de jeunes tiges implantées sur la primitive, comme nous l'avons déjà dit au commencement de cet article.

Lorsqu'on examine un grand nombre d'arbres de différentes espèces, on trouve que la disposition des branches varie beaucoup; mais elle est constante pour ceux d'une même espèce, principalement dans le jeune âge; car, pendant la vie prolongée des végétaux ligneux, divers accidents peuvent s'opposer au développement de quelques branches, et par suite altérer la régularité de disposition particulière à l'espèce. Toutefois il est rare qu'une branche avorte sans que le lieu de l'avortement soit indiqué par un rudiment plus ou moins sensible.

Tous les ans un bourgeon tend à se former à l'aisselle de chaque feuille. S'il se développait librement en branche, l'arbre produirait chaque année autant de nouvelles branches que de feuilles; alors la disposition des unes et des autres serait identique, comme il arrive assez souvent pour les plantes herbacées. Mais on sait qu'il n'en est pas ainsi, à beaucoup près, pour les plantes ligneuses, tant par suite de l'avortement d'un certain nombre de bourgeons axillaires, que par l'addition d'autres bourgeons se développant soit à l'extrémité de la tige et des rameaux, et ainsi nommés *bourgeons terminaux*, soit à une certaine distance de l'aisselle même des feuilles, et par suite appelés bourgeons *extra-axillaires*.

Nous ne parlerons ici que des premiers.

La tige, au bout de la première année, émet à son sommet un bourgeon qui reste stationnaire pendant l'hiver et se développe au printemps. Cette nouvelle pousse, prolongeant la tige, produit elle-même à son sommet un nouveau bourgeon qui se développera l'année suivante; ainsi de suite, jusqu'à un certain terme amené par l'avortement d'un bourgeon terminal. Dès lors la tige ne peut plus s'allonger, et l'on dit qu'elle se *couronne*. Ce qui précède montre qu'elle se compose en réalité d'un certain nombre de branches successivement ajoutées bout à bout. Il en est de même pour les branches et les rameaux.

Dans un certain nombre de plantes, le bourgeon terminal est le seul qui se développe; alors la tige est dépourvue de branches latérales, c'est-à-dire reste *simple*. Cet état, qui s'observe fréquemment dans la classe des monocotylédones, est assez rare pour les dycotylédones. Si, au contraire, le bourgeon terminal avorte pendant que les latéraux se développent, la tige sera courte ou même presque nulle, et se ramifiera diversement selon la disposition des bourgeons et les circonstances environnantes. Souvent alors la véritable tige est remplacée par un bourgeon situé près de sa base ; et comme celle-ci peut se trouver à la surface de la terre ou plus ou moins enfoncée en dessous, la branche latérale, développée par le bourgeon et substituée à la tige, naîtra, selon le cas, au-dessus du niveau du sol ou au-dessous. Cette branche peut d'ailleurs prendre une direction verticale, oblique ou horizontale, soit à la surface de la terre, soit au-dessous du sol. De là les tiges *rampantes* ou *souterraines* que les floristes indiquent dans les descriptions, et qui en réalité ne sont autre chose que des phénomènes de ramification. Au reste, ces expressions et d'autres analogues sont généralement adoptées et avec raison, car elles contribuent à rendre l'exposé des caractères plus bref et plus clair; aussi les avons-nous souvent employées dans notre Flore du Dauphiné et dans notre Flore Française, dont la rédaction nous a fait voir combien il est quelquefois difficile de parvenir aux deux qualités mentionnées.

Le fraisier commun offre un exemple familier de l'avortement du bourgeon terminal et de l'extension horizontale de la plante au moyen de branches latérales qui naissent au-dessus de terre à l'aisselle des feuilles inférieures ou rudimentaires. Chacune de ces branches grêles et flexibles, qui rentrent dans la classe des tiges rampantes dont nous venons de parler, et qu'on nomme *jets, coulants*, ou *filets*, parcourt un certain espace sans produire de feuilles, si ce n'est un rudiment vers le milieu ; le bourgeon qui termine la branche développe une rosette de quelques feuilles vertes dirigées en haut et des feuilles rudimentaires émettant à leur aisselle de nouvelles branches latérales, ainsi de suite. Au-dessous de chaque rosette naissent des racines qui s'enfoncent en terre, de sorte qu'après la séparation des rejets unissant d'abord les rosettes, celles-ci deviennent autant de plantes distinctes qui végètent isolément.

Les Crassulacées, comme l'orpin *(Sedum acre)*, étant capables de se nourrir quelque temps à l'aide de leurs feuilles, on peut en isoler immédiatement les rejets avant l'émission des racines, et les planter à part. Dans cette famille de plantes, ainsi que dans les Saxifragées, etc., on décrit ordinairement les rejets sous le nom de *tiges stériles*. Nous avons admis ce terme dans notre Flore Française, comme M. Koch et la plupart des auteurs, mais il est plus exact de mettre *tiges non fleuries*, comme M. Godron dans sa Flore de Lorraine, ce que nous avons suivi dans la seconde édition de la Flore du Dauphiné, puisque ces tiges ou rejets doivent produire des fleurs une autre année. L'expression *tiges non fleuries* est d'autant mieux choisie qu'elle s'oppose naturellement à celle de *tiges fleuries* actuellement. Ceci nous mène à une autre remarque. M. Koch nomme *caudicules rampantes (caudiculi repentes)*, les bases rampantes de ces rameaux qui semblent naître immédiatement de la racine. Malheureusement le mot *caudicule* (qui dérive ici de *caudex* et serait d'ailleurs très-convenable) ne peut pas être adopté, puisqu'il sert depuis longtemps à désigner le support des masses de pollen dans la nombreuse tribu des Vandées faisant partie de la famille des Orchidées. En latin l'inconvénient serait peut-être un peu moindre, le premier nom étant masculin *(caudiculus)*, et le second féminin *(caudicula)*; mais l'ablatif pluriel est également *caudiculis* pour tous deux. Comme on n'emploie guère que ce cas dans les descriptions, nous aimerions mieux *caudicellis repentibus* pour l'objet dont il s'agit.

Passons maintenant aux tiges qui, se trouvant arrêtées dans leur développement vertical, sont remplacées par des branches latérales naissant sous terre et comprises dans la dénomination générale de tiges souterraines. C'est ce qui arrive pour les plantes dites vivaces, qui dans la première année ne se distinguent pas des plantes annuelles. Leur tige meurt également au bout d'un an, mais seulement dans la partie visible; car la base, munie d'un ou de plusieurs bourgeons, persiste sous terre pendant la mauvaise saison. Au printemps, ces bourgeons épais et charnus, spécialement nommés *turions*, se développent en branches destinées au même rôle que la tige qu'elles remplacent. Mais tantôt ces branches s'élèvent immédiatement et sortent de terre, comme dans les asperges; tantôt elles s'allongent sous terre dans une direction oblique ou horizontale, et alors elles se couvrent bientôt de fibrilles ou de chevelu, comme les racines dont elles offrent l'aspect. Dans ce cas, elles prennent le nom de *rhizome* ou *souche*. Un grand nombre de plantes de marais sont dans ce cas. Le rhizome émet ordinairement de distance en distance des bourgeons qui viennent se développer verticalement à l'air libre (pl. II, fig. 11 et 12). On pourrait, en général, appliquer le nom de souche à toute la partie souterraine de la plante.

Souvent il est assez difficile de distinguer, au premier abord, ce qui appartient à la tige de ce qui appartient à la racine ; mais on pourra toujours y parvenir avec certitude, en remarquant que la tige offre constamment des bourgeons à l'aisselle de feuilles situées avec régularité, quoique réduites quelquefois à de courtes écailles brunâtres, ou même presque à rien. Une vraie tige se reconnaîtra donc toujours à ses bourgeons normaux régulièrement disposés, et une racine à leur absence. A la vérité, les racines exposées à l'air peuvent émettre des bourgeons dans leur partie découverte ; mais ces bourgeons, qu'on appelle *adventifs*, diffèrent beaucoup de ceux des tiges, tant par leur petitesse que par leur nature, et surtout par le défaut d'écailles extérieures destinées à garantir ces dernières pendant la mauvaise saison. Ainsi, pour reconnaître si les jets d'une plante stolonifère proviennent de la tige ou de la racine, il suffira d'examiner si l'organe d'où ils émanent est régulièrement garni de bourgeons normaux dans la portion enterrée, ou s'il porte seulement à son extrémité découverte des bourgeons adventifs. Dans le premier cas, l'organe souterrain est une branche, et dans le second, c'est une racine secondaire. La pomme de terre est réellement une branche raccourcie et devenue charnue par l'abondance des grains de fécule qu'elle renferme ; car sa surface offre de vrais bourgeons plus ou moins régulièrement disposés, connus sous le nom d'*yeux*, et dont chacun est susceptible de se développer en rameau vert ou en tubercule, selon qu'il se trouve à la face supérieure ou inférieure de la pomme de terre enterrée, comme le prouve la culture de cette plante.

Le bulbe est une sorte de bourgeon propre à certaines plantes vivaces, surtout aux monocotylédones, et qui sort latéralement de la partie enterrée de la tige ; il est en général d'une forme ovoïde ou globuleuse (la plupart des Liliacées); mais quelquefois il est plus ou moins allongé ou même presque cylindrique (quelques espèces d'ail). Ce bourgeon souterrain se compose d'un axe épais entouré de feuilles d'autant plus charnues et succulentes, qu'elles sont plus intérieures ; les extérieures, réduites à leur gaîne, sont minces, ordinairement sèches et semblables à des écailles.

Tantôt chacune de ces gaînes entoure complétement la base de la tige comme une tunique membraneuse ; de sorte qu'elles s'enveloppent toutes mutuellement et en entier. Alors le bulbe est dit *tuniqué* (l'oignon, la jacinthe).

Tantôt le bulbe est homogène dans son intérieur composé presque uniquement de son axe fortement renflé, entouré d'un très-petit nombre de tuniques. Alors, si le bulbe est tout à fait plein, on le dit *solide* (glaïeul, pl. II, fig. 8, corydale à bulbe solide); s'il offre un espace vide à l'intérieur, on le nomme *creux* (corydale à bulbe creux).

D'autrefois le bulbe offre sur tout son pourtour plusieurs rangées de petites feuilles très-charnues, triangulaires, libres latéralement, et *imbriquées*, c'est-à-dire se recouvrant mutuellement en partie comme les tuiles d'un toit. Ces feuilles étant tout à fait semblables à des écailles, dont elles ne diffèrent que par leur consistance, on dit alors que le bulbe est *écailleux* (le lis blanc, pl. II, fig. 9).

Enfin, on observe quelquefois à l'aisselle de ces feuilles ou écailles des bulbes secondaires beaucoup plus petits nommés *cayeux* (l'ail cultivé, pl. II, fig. 10), et qui, tantôt croissent en restant attachés au bulbe principal, tantôt s'en séparant à une certaine époque, pour former des individus distincts.

Dans les diverses sortes de bulbes que nous venons d'énumérer, on voit en-dessous une espèce de plateau solide et horizontal, qui n'est autre chose que la base du bourgeon latéral séparé de la tige primitive. C'est à sa surface inférieure que se forment les racines, de sorte qu'il est intermédiaire entre celles-ci et le bulbe qu'il supporte.

En terminant cet article, nous ne devons pas négliger le *bulbille*, espèce de petit bourgeon aérien, *solide* ou *écailleux*, qui naît sur différentes parties de quelques végétaux, et qui, se détachant à la maturité de la plante-mère, à laquelle il n'adhère que faiblement, se replante et la reproduit.

Tantôt les bulbilles se forment à l'aisselle des feuilles, comme dans le lis ou la dentaire bulbifère, qui tirent de là leur nom spécifique; tantôt ils se développent à la place des fleurs, comme dans l'ail caréné.

Le bulbille n'est composé que d'un très-petit nombre d'écailles épaisses ; lorsque celles-ci viennent à se souder en totalité, elles forment ce que nous avons appelé le bulbille solide.

DES FEUILLES.

Les feuilles sont, ainsi que les bourgeons, des productions latérales de la tige. Dans leur premier état, nommé *préfoliaison*, elles sont renfermées dans un bourgeon qui leur sert de berceau, et où elles se trouvent diversement pliées ou roulées de manière à n'occuper que le moins de place possible.

Peu de plantes sont privées de feuilles; les cuscutes, les salicornes et quelques joncs sont dans ce cas. Dans d'autres plantes, comme les orobanches, la clandestine et quelques Orchidées, elles sont remplacées par des écailles, productions sèches et coriaces, dont nous avons déjà parlé.

Les feuilles, envisagées d'une manière générale, sont des expansions ordinairement minces, plates et vertes, qui naissent du pourtour de la tige. L'expansion aplatie forme ce qu'on nomme spécialement le *limbe* ou la lame de la feuille, qui est presque toujours dans un plan perpendiculaire, ou plutôt un peu oblique, par rapport à la tige, au moins dans nos climats. La face supérieure est celle qui regarde le ciel. Le plus souvent elle est ferme, lisse, presque dépourvue de stomates. La face inférieure est celle qui regarde la terre ; généralement, elle est molle, plus ou moins velue, et surtout percée de stomates très-abondants. Souvent la feuille est attachée à la tige par un support grêle, beaucoup plus long que large, appelé *pétiole*, ou vulgairement queue de la feuille. Dans ce cas, la feuille est dite *pétiolée*; par opposition, celle qui est dépourvue de pétiole est dite *sessile*. La *base* du limbe est l'extrémité souvent amincie par laquelle il se continue avec le pétiole ou avec la tige ; l'extrémité opposée en est le *sommet*. La ligne qui dessine son contour est formée par deux *bords* qui partent de la base et se réunissent au sommet.

Le pétiole est quelquefois dilaté à sa partie inférieure, qui embrasse alors la tige dans une portion plus ou moins étendue de son pourtour. Cette dilatation, qu'on appelle la *gaîne*, affecte souvent la forme de deux petites feuilles nommées *stipules*, situées de part et d'autre du pétiole. Une feuille complète offre donc trois parties : 1° le *limbe ;* 2° le *pétiole ;* 3° la *gaîne*, souvent remplacée par des *stipules.*

La feuille a la même structure anatomique que la tige : elle se compose d'un faisceau fibro-vasculaire, accompagné de parenchyme, le tout recouvert par l'épiderme. Ce faisceau, déjà tout formé dans la tige, et ordinairement dû à la réunion de plusieurs faisceaux partiels, reste quelquefois indivis lorsqu'il s'en détache et s'en écarte, ce qui donne lieu au pétiole ; alors, si les faisceaux, au lieu d'être contigus, sont un peu séparés à la naissance de la feuille, il en résulte une gaîne ou des stipules. Quant au limbe de la feuille, il est formé par l'épanouissement des mêmes faisceaux, et commence dès que ceux-ci viennent à s'éloigner les uns des autres pour constituer ce qu'on appelle les *nervures ;* leurs interstices sont remplis par le parenchyme. L'ensemble des nervures, qui compose pour ainsi dire le squelette du limbe, se montre sous l'apparence d'un réseau très-fin, aisément visible à travers la plupart des feuilles vues par transparence ; on peut d'ailleurs l'observer à nu lorsque la macération ou les insectes ont détruit le parenchyme.

Un examen attentif de la charpente de la feuille montre sa grande analogie avec la tige. Car, dans celle-ci, le faisceau présente, comme nous l'avons vu, 1° en dedans, des trachées, des vaisseaux rayés ou ponctués, et des fibres ; 2° en dehors, des vaisseaux propres et des fibres corticales. Or, il en est de même dans le limbe de la feuille, où chaque nervure, qui n'est autre chose qu'un faisceau partiel, offre : 1° dans la moitié tournée vers la face supérieure, des trachées, des vaisseaux rayés ou ponctués et des fibres ; 2° dans sa

4

moitié tournée vers la face inférieure, des vaisseaux propres
et des fibres semblables aux corticales. Il ne peut, en effet,
en arriver autrement, puisque le faisceau, vertical dans la
tige, doit, dans la feuille oblique ou horizontale, avoir en dessus la moitié d'abord intérieure, et en dessous la moitié d'abord
extérieure. De sorte qu'en définitive, la première est tout à
fait analogue au bois, et la seconde à l'écorce.

Cette analogie est encore vérifiée par l'examen du parenchyme des feuilles minces et aplaties, où il forme deux couches distinctes; l'une supérieure, qui contient, comme dans
le système ligneux, une ou plusieurs rangées de cellules
oblongues, étroites, serrées perpendiculairement sous l'épiderme, et laissant à peine entre elles quelques méats peu
sensibles; l'autre inférieure, qui se compose, comme dans le
système cortical, de cellules irrégulières, séparées entre elles
par un grand nombre de méats ou de lacunes, auxquelles
répondent les stomates. Ceux-ci sont en effet bien plus abon-
dants sur l'épiderme inférieur que sur le supérieur, comme
nous l'avons déjà dit. Les cellules des deux régions du parenchyme sont d'ailleurs remplies de granules également colorés
en vert par la chlorophylle, d'où provient la belle couleur
verte des feuilles.

Dans les feuilles épaisses, dites *grasses*, comme celles qui
appartiennent aux Crassulacées, le parenchyme se compose
de grandes cellules offrant peu de méats, et d'autant moins
riches en granules verts, qu'on les observe plus près du centre.

Tout ce qui précède concerne seulement les feuilles aériennes, ou exposées à l'air libre; car celles qui sont submergées
ont une organisation bien différente. Privées non-seulement d'é-
piderme et de stomates, mais encore de fibres et de vaisseaux,
elles se composent uniquement d'un parenchyme formé de cellules allongées, disposées sur deux ou trois rangs d'épaisseur,
sans être séparées par des méats ou par des lacunes. Presque
toutes les cellules se trouvent donc ainsi en communication
immédiate avec le liquide dans lequel la feuille est plongée.
Celle-ci d'ailleurs, par suite du manque d'épiderme, se dessèche et se ride promptement dès qu'elle se trouve hors de l'eau.

Quant aux feuilles qui flottent à la surface de l'eau, comme celle du nénuphar, la face supérieure est analogue aux feuilles aériennes, l'inférieure aux feuilles submergées. En effet, la première offre constamment des stomates, dont l'autre est toujours privée. Remarquons ici que, dans toutes les feuilles, la portion de l'épiderme qui recouvre les nervures et le pétiole n'a jamais de stomates.

Dans les feuilles, on peut considérer l'emplacement, la disposition, l'insertion, la direction, la consistance, la forme, la surface, la durée, la composition.

1er §. Sous le rapport de l'emplacement, les feuilles sont dites

Radicales, lorsqu'elles naissent tout à fait du bas de la tige, au niveau du sol ou à très-peu près, de sorte qu'elles semblent partir de la racine, ce qui est d'ailleurs impossible. Si la tige est tellement raccourcie que la plante en paraisse dépourvue, toutes ses feuilles sont radicales.

Caulinaires ou *raméales*, lorsqu'elles naissent sur la tige ou sur les rameaux. J'ai jugé inutile d'employer ces deux termes dans les descriptions.

Florales, lorsqu'elles naissent très-près des fleurs et sont à peu près semblables aux feuilles supérieures. Celles qui en diffèrent par la forme, la consistance ou la couleur, prennent le nom de *bractées*.

2e §. Sous le rapport de la disposition, les feuilles sont dites

Alternes, lorsqu'elles naissent une à une autour de la tige. Dans ce cas, elles peuvent être *en spirale*, lorsqu'elles naissent sur une ligne spirale (l'euphorbe petit cyprès); *en quinconce*, lorsqu'elles sont en spirale, et que la 1re est recouverte par la 5e, la 2e par la 6e, etc. (l'orme, le poirier); *distiques*, lorsqu'elles sont disposées sur deux rangs réguliers et très-rapprochées (l'if, le sapin); *éparses*, lorsqu'elles n'offrent aucun ordre (le lis).

Opposées, lorsqu'elles naissent de deux points opposés et à la même hauteur. Presque toujours deux paires consécutives de feuilles opposées sont à angle droit (les Labiées).

Géminées, lorsqu'elles naissent à même hauteur, mais de deux points non opposés, plus ou moins rapprochés (l'alkékenge).

Verticillées, lorsqu'elles naissent plus de deux à la même hauteur; alors elles sont dites *ternées*, *quaternées*, etc., selon qu'elles naissent 3 à 3, 4 à 4, etc. (le caillet, la garance).

L'ensemble des feuilles ainsi disposées en cercle autour de la tige est un *verticille*. En général, les feuilles d'un même verticille sont également espacées entre elles, c'est-à-dire séparées deux à deux par des intervalles égaux, et les feuilles de deux verticilles consécutifs sont placées non en dessus l'une de l'autre, mais dans les intervalles de l'autre verticille, qu'elles partagent également ou inégalement.

Fasciculées ou *en faisceau*, lorsqu'elles partent plusieurs d'un même point (l'asperge, le mélèze).

En rosette, lorsqu'elles sont alternes, très-rapprochées, étalées ou divergentes, offrant la forme d'une rose ouverte (la joubarbe, les saxifrages).

La disposition en rosette est due au grand rapprochement des entre-nœuds, causé par l'extrême raccourcissement de la partie inférieure de la tige.

Imbriquées, lorsqu'elles se recouvrent mutuellement en partie comme les tuiles d'un toit. Elles peuvent être imbriquées sur deux, trois, quatre rangs, ou sans ordre distinct.

3e §. Quant à leur mode d'insertion, les feuilles sont dites

Embrassantes, lorsque manquant de pétiole, elles entourent la tige par leur base élargie (le salsifix des prés, la jusquiame).

Perfoliées, lorsque les appendices de la base se soudent de l'autre côté de la tige qui paraît traverser la feuille (la chlore perfoliée, le buplèvre perfolié, *pl.* 3, *fig.* 5).

Connées, *conjointes* ou *soudées à la base*, lorsqu'étant opposées elles sont réunies à la base, et semblent ne faire qu'une feuille traversée par la tige (le chèvrefeuille). Par opposition on dit qu'elles sont *distinctes*, lorsqu'elles ne sont pas réunies à la base.

Prolongées ou libres à la base, lorsque leur base se prolonge au-dessous du point d'attache en un petit appendice non adhérent (l'orpin réfléchi).

Décurrentes, lorsque leur base se prolonge inférieurement

le long de la tige en deux appendices. Alors la tige est dite ailée (le bouillon blanc, la plupart des chardons).

Engaînantes, quand la base forme un tube cylindrique, nommé gaine, enveloppant la tige (les Graminées). La gaine est ordinairement prolongée en dedans et au sommet en une membrane nommée *languette*, qui offre un très-bon caractère dans la distinction des espèces.

Sessiles. Ce mot dans les descriptions signifie que la feuille est dépourvue de pétiole, et ne se prolonge en aucun sens sur la tige ou autour d'elle.

Peltées ou *ombiliquées*, quand le pétiole est inséré au milieu de la surface comme s'il supportait un bouclier (la capucine, l'hydrocotyle, *pl. 3, fig. 1*).

4.° §. Sous le rapport de la direction, les feuilles sont dites

Appliquées, quand elles touchent la tige dans toute leur longueur.

Dressées, quand elles forment avec la partie supérieure de la tige un angle droit très-aigu (la spirée barbe-de-chèvre).

Redressées, lorsqu'elles s'éloignent d'abord un peu de la tige par la base, et se redressent ensuite.

Ouvertes, étalées, horizontales, selon qu'elles forment avec la partie supérieure de la tige un angle demi-droit, un angle presque droit, ou un angle tout à fait droit.

Courbées, fléchies, quand elles sont courbées de bas en haut.

Réfléchies, quand elles sont renversées et portent en se courbant leur sommet vers la terre (la seslérie bleuâtre).

Nageantes, lorsqu'elles se soutiennent sur l'eau (le nénuphar).

Submergées, lorsqu'elles sont plongées dans l'eau.

Émergées, lorsqu'elles s'élèvent sur leur pétiole au-dessus de l'eau (la sagittaire).

5.° §. Sous le rapport de la consistance, les feuilles sont dites *herbacées*, lorsqu'elles sont vertes et molles ; *membraneuses*, quand elles sont minces et dépourvues de pulpe ; *scarieuses*, quand elles sont minces, sèches, demi-transparentes ; *charnues* ou *succulentes*, quand elles sont épaisses et formées en grande partie d'un tissu cellulaire pulpeux ou succulent (les plantes grasses) ; *nerveuses*, lorsqu'elles sont marquées de côtes ou de nervures saillantes (le plantain) ; *veinées*, lorsque les côtes sont très-petites et très-ramifiées ou entrecroisées.

6e §. Dans la forme de la feuille on considère la figure, le sommet, la base, le contour ou les bords et la masse.

1º Sous le rapport de la figure, la feuille est dite

Orbiculaire ou *ronde*, lorsque son contour est à peu près celui d'un cercle (l'hydrocotyle, *pl.* 3, *fig.* 1).

Arrondie, lorsqu'elle approche de la figure ronde ou orbiculaire (la lysimaque nummulaire, *pl.* 3, *fig.* 2).

Ovale, lorsqu'elle est sensiblement plus longue que large et arrondie aux deux bouts, mais un peu plus large à la base (pl. 3, fig. 3). Par opposition la feuille est dite *obovale*, lorsqu'elle est au contraire plus large vers le sommet.

Elliptique, lorsqu'elle est une fois et demie ou deux fois aussi longue que large (l'hélianthème commun).

Oblongue, lorsque sa longueur contient plusieurs fois sa largeur (l'aunée dyssentérique).

Lancéolée, lorsqu'elle est plus longue que large, et se rétrécit insensiblement en pointe aux deux bouts en forme de fer de lance (le laurier, le saule blanc, *pl.* 3, *fig.* 4).

En forme de coin ou simplement *en coin*, lorsqu'étant rétrécie à la base, elle va en s'élargissant insensiblement jusqu'au sommet qui est tronqué (le pourpier).

Triangulaire, lorsqu'elle forme un triangle dont la pointe est au sommet (le bouleau blanc) ; si le triangle est équilatéral, la feuille est dite *deltoïde*.

Rhomboïdale, lorsqu'elle a quatre angles, deux aigus et deux obtus.

Linéaire, lorsqu'elle est étroite, et d'une largeur à peu près égale dans toute sa longueur, excepté au sommet terminé en pointe (le lin, la linaire).

En alêne ou *subulée*, lorsqu'étant linéaire à la base, elle se rétrécit insensiblement pour finir par une pointe très-aiguë (le genévrier commun, la sabline printanière).

Capillaire, *sétacée*, *filiforme*, lorsqu'elle est fine comme un cheveu, une soie, ou un fil (l'asperge).

En épingle, lorsqu'étant linéaire elle est ferme et piquante comme une épingle.

2° Relativement au sommet, la feuille est dite

Aiguë, quand les deux bords s'inclinent insensiblement l'un vers l'autre, de manière à former un angle aigu (le saule blanc, *pl.* 3, *fig.* 4).

Acuminée, lorsque les deux bords avant de se joindre changent leur direction et vont former par leurs prolongements une pointe étroite (le cornouiller mâle, *pl.* 3, *fig.* 6).

Mucronée, lorsqu'elle est terminée par une petite pointe, très-grêle et isolée (l'amaranthe blette, *pl.* 3, *fig.* 7).

Obtuse, lorsqu'elle est plus ou moins arrondie au sommet (la villarsie faux nénuphar, *pl.* 3, *fig.* 8).

Échancrée, lorsqu'elle est obtuse et entaillée assez profondément au sommet (le buis, le cabaret d'Europe, *pl.* 3, *fig.* 11).

Émoussée ou *rétuse*, lorsqu'elle est obtuse et presque échancrée ou comme écrasée au sommet; la feuille de l'amaranthe blette (*pl.* 3, *fig.* 8) est émoussée, mucronée.

Tronquée, lorsqu'elle est brusquement terminée par une ligne transversale.

3° Relativement à la base, la feuille est dite

En cœur à la base, lorsqu'elle est fortement échancrée à la base en deux lobes arrondis (la villarsie faux nénuphar, *pl.* 3, *fig.* 8, le cabaret d'Europe, *pl.* 3, *fig.* 11). Si en même temps le sommet est en pointe, la feuille est dite *en cœur*. Si l'un des lobes est sensiblement plus grand que l'autre, la feuille est dite *obliquement en cœur* à la base. Lorsque l'échancrure est peu marquée, on dit que la feuille est *un peu échancrée* ou *un peu en cœur* à la base (la bétoine officinale, *pl.* 3, *fig.* 12). Enfin, si la feuille étant rétrécie à la base va en s'élargissant de là jusqu'au sommet, d'ailleurs échancré en deux lobes arrondis, on dit qu'elle est *en cœur renversé*.

Sagittée ou *en fer de flèche*, lorsqu'étant à peu près triangulaire, elle est échancrée à la base en deux lobes aigus et peu divergents (la sagittaire, *pl.* 3, *fig.* 9). Si en même temps la feuille est oblongue ou en cœur, on dit qu'elle est *sagittée-oblongue* (l'oseille, *pl.* 3, *fig.* 13), ou *sagittée-en cœur* (le sarrasin, *pl.* 3, *fig.* 10).

Hastée ou *en fer de pique*, lorsqu'étant triangulaire, elle est plus ou moins creusée sur les côtés, et prolongée à la base en deux lobes divergents, rejetés en dehors (le pied-de-veau, la petite oseille, *pl.* 3, *fig.* 14).

Auriculée ou *à oreillettes*, lorsqu'elle est prolongée à la base en deux lobes plus ou moins sensibles (plusieurs Crucifères). Je n'ai pas employé le mot auriculé dans les descriptions.

4° Relativement à son contour, la feuille est dite

Très-entière, lorsque le bord est continu sans la moindre incision (le laurier-rose, l'oranger, la lysimaque nummulaire, *pl.* 3 *fig.* 2).

Entière, lorsque le bord est à peu près continu.

Crénelée, lorsque le bord est découpé en crénelures ou petites parties saillantes arrondies (la bétoine officinale, *pl.* 3, *fig.* 12, le marube, *pl.* 3, *fig.* 15). La feuille de l'hydrocotyle (*pl.* 3, *fig.* 1) est largement crénelée.

Dentée, lorsque le bord est découpé en dents plus ou moins aiguës (le seneçon, le tussilage).

Dentées en scie, lorsque les dents sont aiguës, assez régulières et dirigées vers le sommet (le rosier).

Dentelée ou *denticulée*, lorsque les dents sont très-fines; si elles sont dirigées vers le sommet, la feuille est dite *dentelée en scie* (le saule blanc, *pl.* 3, *fig.* 4). Si les crénelures ou dents sont elles-mêmes crénelées ou dentées, la feuille est dite doublement ou deux fois crénelée, dentée, ou dentée en scie (l'orme, *pl.* 3, *fig.* 16).

Rongée, lorsque le bord est découpé en petites parties saillantes, inégales, comme s'il avait été attaqué par un insecte (la moutarde blanche).

Sinuée, lorsqu'elle est découpée en parties saillantes, arrondies, séparées par des échancrures ou sinus également arrondis (le chêne, *pl.* 3, *fig.* 17).

Ondulée, quand elle offre des sinuosités arrondies et peu profondes, imitant des ondulations.

En forme de violon ou *panduriforme*, lorsqu'elle est oblongue, et a de chaque côté un sinus arrondi (le rumex violon, *pl.* 3, *fig.* 18).

Anguleuse, lorsqu'elle est bordée d'angles saillants.

Incisée, lorsque le bord offre des découpures indéterminées, plus profondes que les dents et les crénelures.

Lobée, lorsque les incisions atteignent ou dépassent le milieu de la largeur de la feuille, et la découpent en portions plus ou moins élargies nommées lobes. On la dit *bilobée*, *trilobée*, etc., lorsqu'elle est à 2, 3, etc. lobes.

Bifide, *trifide*, etc., lorsqu'elle est à 2, 3.... lobes séparés par des incisions longitudinales.

Pinnatifide, lorsqu'elle est divisée latéralement en lobes plus ou moins profonds (beaucoup de composées, *pl.* 3, *fig.* 19).

Multifide, lorsque les lobes sont très-nombreux. .

Lyrée ou *en lyre*, lorsque les lobes latéraux, très-petits à la base, augmentent à mesure qu'ils approchent du lobe terminal qui est très-grand (l'herbe de Ste-Barbe, *pl.* 3, *fig.* 20).

Roncinée, lorsque les lobes latéraux sont aigus et recourbés vers la base de la feuille (le pissenlit, *pl.* 3, *fig.* 21).

Ailée-pinnatifide, lorsque la feuille est découpée tout à fait jusqu'à la côte moyenne en lobes écartés, imitant des folioles (la plupart des ombellifères). Pour abréger, on dit simplement dans les descriptions que ces sortes de feuilles sont ailées, ce qui est inexact.

Les lobes sont dits *palmés*, lorsqu'ils sont disposés comme les doigts étalés et très-ouverts (la vigne), et *digités* lorsqu'ils sont disposés comme les doigts peu ouverts (*pl.* 3, *fig.* 22).

Si les lobes d'une feuille pinnatifide sont eux-mêmes pinnatifides, les nouveaux lobes aussi pinnatifides, etc., on dit que la feuille est 2, 3.... fois pinnatifide. De même pour les autres espèces de découpures.

5° Quant à la masse, la feuille peut être *cylindrique* (le sédum blanc); *fistuleuse*, ou cylindrique et creuse (l'oignon); *gibbeuse* ou *bossue*, lorsqu'elle est renflée en bosse; *trigone*, lorsqu'elle est à trois faces (l'asphodèle); *ensiforme* ou *en forme d'épée*, lorsqu'elle est longue, épaissie au milieu, et tranchante sur les côtés.

7ᵉ §. Sous le rapport de la surface, on en exprime les aspérités ou la villosité par les mêmes termes que pour la tige.

En outre, la feuille est dite

Plane, lorsqu'elle est parfaitement plate (la plupart des feuilles).

En carène ou *carénée*, lorsqu'elle est un peu pliée en long, et présente en dessous une saillie imitant la carène d'un vaisseau (l'hémérocalle).

En gouttière ou *caniculée*, lorsqu'elle est roulée en dessus dans toute sa longueur.

Ciliée, lorsqu'elle est bordée de cils ou poils soyeux (la potentille dorée, les rossolis),

Épineuse, lorsqu'elle est bordée de pointes dures et piquantes (les chardons).

Cartilagineuse, lorsque les bords sont durs et d'une autre couleur que le vert.

Rugueuse ou *ridée*, lorsque les veines s'enfoncent un peu de manière à offrir des rides. Enfin, le bord est dit *glanduleux* ou *calleux*, lorsque les dents de la feuille sont terminées par une glande ou par un petit durillon.

8° §. Sous le rapport de la durée, les feuilles sont dites

Caduques, lorsqu'elles tombent peu de temps après leur apparition ou avant la fin de l'été.

Annuelles, lorsqu'elles tombent en automne.

Persistantes, toujours vertes, lorsqu'elles demeurent sur la tige plus d'une année révolue (les sapins).

9° §. Dans tout ce qui précède, nous n'avons entendu parler que des feuilles dites *simples*, c'est-à-dire dont le limbe, soit entier, soit plus ou moins profondément découpé vers les bords, est toujours continu au moins vers le centre. La feuille est encore simple, lorsque les divisions ou *segments* du limbe atteignent la nervure moyenne, où ils sont attachés par une base d'une certaine étendue. Mais si les faisceaux secondaires qui se séparent de cette nervure ne s'épanouissent qu'à une distance sensible pour former les segments, ceux-ci ressemblent alors à autant de petites feuilles distinctes qu'on nomme *folioles*, et la feuille est dite *composée*. Néanmoins, elle est unique, car elle se sépare de la tige tout d'une pièce. La nervure moyenne d'une feuille composée s'appelle *rachis* ou *pétiole commun*, et si les faisceaux secondaires qui forment les nervures moyennes des folioles restent unis dans une certaine étendue, la portion indivise se *nomme* pétiole *secondaire*.

Pour exprimer les modifications des folioles, on se sert

exactement des mêmes termes indiqués ci-dessus pour les feuilles simples.

Quant à leur disposition, la feuille est dite

Conjuguée, quand le pétiole porte au sommet deux folioles (la gesse des prés).

Ternée, quaternée, etc., selon qu'il porte au sommet trois, quatre, etc., folioles (le trèfle, la marsilée, etc.).

Digitée, quand il porte plusieurs folioles rapprochées.

Pédalée ou *en pédale*, quand le pétiole commun est divisé au sommet en deux branches divergentes portant un rang de folioles sur leur côté intérieur (la rose de Noël, *pl. 3, fig. 23*).

Ailée, lorsque le pétiole porte latéralement un certain nombre de folioles, ce qui s'entend ordinairement d'un nombre pair (l'orobe).

Ailée avec impaire, quand le pétiole est terminé par une foliole impaire (le noyer).

Ailée-interrompue, quand les folioles principales sont entremêlées d'autres folioles très-petites (la potentille ansérine, *pl. 3, fig. 24*).

Lorsque le pétiole, au lieu de porter simplement des folioles, se divise une ou plusieurs fois en d'autres pétioles d'où naissent les folioles, on dit, selon le mode de composition, que la feuille est 2 fois, 3 fois.... ailée, ternée, etc. J'ai trouvé ces termes suffisants pour les descriptions, et je les préfère aux mots décomposée, surcomposée, surdécomposée, etc., employés par quelques auteurs.

Pétiole, gaîne, stipules. — Le pétiole est, comme nous l'avons dit, formé communément par la réunion de plusieurs faisceaux fibro-vasculaires figurant un faisceau unique en sortant de la tige, et dans une certaine étendue, avant de s'épanouir en feuille. Lorsque le faisceau abandonne la direction verticale qu'il a d'abord dans la tige, et s'infléchit pour en sortir latéralement, ses éléments subissent une déviation qui les rend plus courts et moins larges, ce qui diminue d'autant la surface de leurs bases, par où ils sont réunis bout à bout. La solidité de leur liaison se trouve donc fortement altérée au point de déviation; et de là résulte ce qu'on appelle une *articulation*.

Dans un grand nombre de plantes, les feuilles sont articulées sur la tige, et il arrive une époque, variable selon l'espèce, où elles tombent d'elles-mêmes ou par la moindre cause. Celles qui ne sont pas articulées restent attachées à l'arbre, quoique desséchées ou mortes, comme nous le voyons dans les chênes de nos forêts. Les feuilles du pin et du sapin durent 2, 3 ou 4 ans, puis elles tombent alternativement et se renouvellent à mesure, de manière que l'arbre en est toujours garni; aussi désigne-t-on ces sortes d'arbres par l'épithète de *toujours-verts*. En général, les feuilles persistantes sont simples, et les feuilles articulées presque toujours composées. Au reste, plusieurs naturalistes n'appellent feuilles composées que celles dont les pétioles secondaires sont articulés sur le principal, comme celui-ci sur la branche, de sorte que la feuille, au lieu d'être tout d'une pièce, est formée de folioles réellement distinctes qui se séparent isolément du pétiole commun et sans déchirement.

On remarque souvent sur la tige, au point de naissance du pétiole, un petit renflement nommé *coussinet*, qui lui sert de base, et dont la face supérieure, visible après la chute du pétiole, est comme la cicatrice provenant de la *désarticulation*.

Le pétiole se rapproche souvent de la forme cylindrique. On le dit *ailé* ou *bordé*, lorsqu'il porte de chaque côté une bande très-étroite de parenchyme; *en gouttière*, lorsqu'il est creusé en dessus et convexe en dessous; *déprimé*, lorsqu'il est aplati ou un peu convexe sur les deux faces; *comprimé*, quand son épaisseur est sensiblement plus grande que sa largeur; par suite de cette structure, les feuilles s'agitent au moindre souffle, et sont dans une oscillation presque perpétuelle (le peuplier tremble).

Nous avons dit que si les faisceaux partiels, dont la réunion constitue le pétiole, sont plus ou moins séparés au sortir de la tige, il en résulte une gaîne ou des stipules. Quand les faisceaux latéraux sont reliés à ceux du milieu par du tissu cellulaire, leur ensemble forme une gaîne qui, sous l'apparence d'une portion de cylindre creux, embrasse la tige dans une partie plus ou moins grande de son pourtour. Ainsi, la gaîne d'une feuille n'est autre chose que la base dilatée du pétiole.

Mais si les faisceaux latéraux restent indépendants du faisceau principal, au moins dans leur partie supérieure, alors, au lieu d'une gaîne, on a des stipules. C'est le nom qu'on donne aux petits organes foliacés qui accompagnent la base de la feuille, un de chaque côté. On décrit leurs modifications par les mêmes termes que celles des feuilles. On remarque principalement si elles sont *caduques* ou *persistantes, distinctes* ou *soudées*, *libres* ou *adhérentes* au pétiole dans une longueur plus ou moins considérable.

Les stipules sont quelquefois d'une extrême petitesse qui les rend difficiles à découvrir. Il faut alors les rechercher de préférence sur les jeunes rameaux. Mais un grand nombre de plantes en sont réellement dépourvues.

Nous avons reconnu que les trois grandes classes de végétaux offrent une organisation bien différente, soit dans leur racine, soit dans leur tige. La même observation peut s'appliquer aux feuilles, au moins jusqu'à un certain point.

Dans les *dicotylédones*, la nervure du milieu émet des nervures secondaires qui se ramifient en *veines* subdivisées elles-mêmes une ou plusieurs fois. Les dernières ramifications de chaque nervure secondaire se relient à celles des nervures voisines, de sorte que leur ensemble forme un réseau fibro-vasculaire, dont les aréoles sont remplies par le parenchyme. Dans les *monocotylédones*, au contraire, les nervures sont simples, ou si elles se ramifient, leurs divisions latérales ne se mêlent pas à celles des nervures voisines. Souvent les nervures principales sont toutes simples et parallèles, comme dans les feuilles de roseau; d'autres fois elles émettent des nervures secondaires décrivant un arc ou une courbe concave vers la nervure principale; et c'est pourquoi les feuilles de la plupart des monocotylédones sont entières. Cependant les Aroïdes et quelques autres plantes ont des feuilles à nervures anostomosées en réseau, et de même plusieurs dicotylédones, comme certaines renoncules, ont des feuilles à nervures simples et parallèles ou convergentes: mais ce petit nombre de cas exceptionnels ne détruit pas la loi générale de la disposition des nervures dans les deux grandes classes de végétaux cotylédonés.

Quant aux acotylédones, les feuilles sont le plus souvent
organisées comme la tige, et leur structure varie selon le degré
de l'échelle où l'on s'arrête. Dans les fougères, le limbe peut
acquérir des dimensions considérables et se subdiviser un
grand nombre de fois. Le pétiole présente des vaisseaux rayés
entourés d'un parenchyme noirâtre. Les lycopodes ont un limbe
cellulaire traversé par un seul faisceau. Les mousses et les
jongermannes ont les feuilles dépourvues de vaisseaux, dont
quelques cellules allongées tiennent lieu ; les lichens et les
acotylédonées inférieures n'offrent ni tige, ni feuilles, et sont
uniquement composées de cellules.

Nous avons dit que les feuilles, à leur début, sont diversement pliées ou roulées dans un bourgeon. Chacune d'elles,
prise isolément, peut être pliée soit en travers, soit en long,
ou pliée en éventail le long des nervures principales ; elles
peuvent encore être roulées en crosse ou en cornet. Ces différentes sortes de feuilles, considérées dans leur ensemble,
peuvent avoir leurs bords contigus ou se recouvrir mutuellement en partie, etc.

INFLORESCENCE.

On nomme également inflorescence soit l'arrangement des
fleurs sur le rameau qui les porte, soit un ensemble de fleurs
non séparées entre elles par de vraies feuilles.

Nous avons vu que les fleurs proviennent de bourgeons dits
floraux. Le bourgeon floral diffère des bourgeons foliacés,
non-seulement par la forme, mais encore parce qu'il est toujours terminal ; les feuilles qui le composent ne produisent
jamais de nouveaux bourgeons à leur aisselle. Ainsi, lorsqu'un rameau porte à son sommet un bourgeon floral, sa
végétation est définitivement arrêtée.

Souvent les feuilles situées au-dessous du bourgeon floral
se modifient dans leur grandeur, leur forme et leur couleur ;
on les nomme alors feuilles florales ou bractées. Il peut arriver
que les bractées ne produisent à leur aisselle aucun bourgeon,
ou qu'elles émettent des rameaux nus ou munis de bractées.
Ces sortes de rameaux se nomment pédoncules ; lorsqu'ils se

ramifient eux-mêmes, le dernier rameau, ne portant qu'une seule fleur, reçoit le nom de *pédicelle*. Mais dans les descriptions, on nomme souvent ainsi les autres divisions du pédoncule, et même celui-ci, surtout lorsqu'il est mince et délié.

L'inflorescence, considérée relativement au reste de la plante, est dite *axillaire* ou *terminale*, selon qu'elle sort de l'aisselle d'une feuille ou termine un rameau. Quant à la disposition particulière des fleurs, elle s'exprime par les mêmes termes indiqués plus haut pour les feuilles. Ainsi, les fleurs peuvent être *éparses*, *opposées*, *verticillées*, *solitaires*, *géminées*, *ternées*, *agglomérées*, *unilatérales*, *distiques*, etc. L'expression *fleurs radicales*, qu'on rencontre assez souvent dans les descriptions, ne signifie autre chose que fleurs paraissant naître de la racine, ce qui ne saurait jamais avoir lieu. La tige est alors tellement raccourcie, que toutes les feuilles sont ramassées au niveau de la terre, et les fleurs, naissant soit à leur aisselle, soit au milieu d'elles au sommet de la tige réduite, semblent, en effet, partir de la racine. Mais il est clair que l'inflorescence est encore axillaire dans le premier cas, terminale dans le second. Lorsque la tige, au lieu d'être comme nulle, s'élève plus ou moins pour émettre les fleurs, mais reste toujours nue ou privée de feuilles, on la désigne sous le nom de *hampe*.

Maintenant, si l'on considère l'inflorescence en elle-même, ou indépendamment du reste de la plante, on dit qu'elle est *définie* ou *indéfinie*, selon que le pédoncule commun, dit son *axe primaire*, est terminé par une fleur ou bien s'allonge sans porter lui-même les fleurs, qui naissent alors sur des pédoncules latéraux nommés *axes secondaires*, *tertiaires*, etc.

Nous allons traiter successivement ces deux grandes divisions d'inflorescence, en commençant par les indéfinies qui se rencontrent le plus fréquemment.

INFLORESCENCES INDÉFINIES.

Dans cette première division, le pédoncule commun, ou axe primaire de l'inflorescence, s'allonge indéfiniment, et alors les fleurs terminent les axes d'un autre ordre.

On dit qu'elles sont

En épi, lorsqu'elles terminent des axes secondaires tellement raccourcis qu'elles paraissent sessiles sur l'axe primaire (la verveine commune). L'épi est dit *composé*, lorsque les axes secondaires, au lieu d'être terminés par une fleur, sont eux-mêmes allongés et garnis de fleurs latérales et sessiles (le froment). Dans ce cas, les fleurs portées sur chacun des axes secondaires font un petit groupe qu'on appelle *épillet*, et qui est entouré à sa base d'une enveloppe commune formée par les deux bractées inférieures nommées *glumes* (*pl. 4, fig. 8, a. a.*).

Ces sortes de fleurs sont dites *glumacées* (les Graminées). Dans notre Flore Française, nous avons soigneusement rejeté le mot *glumes*, ainsi que la foule d'autres noms donnés aux deux bractées inférieures, et les avons désignées tout simplement par leur vrai nom de bractées.

En chaton, quand elles sont unisexuelles, munies chacune d'une écaille (bractée réduite) tenant lieu d'enveloppe florale, et portées sur un axe ou pédoncule commun articulé à sa base, qui se détache en entier après la floraison (les Amentacées).

En spadice, quand elles sont unisexuelles, nues, distinctes et sessiles, ou plutôt incrustées dans un axe épaissi, ordinairement enveloppé à sa base d'une grande bractée nommée *spathe*, souvent roulée en cornet (le gouet, *pl. 4, fig. 1*).

En grappe, lorsqu'elles terminent des axes secondaires ayant tous à peu près la même longueur.

En panicule, lorsque les axes secondaires, au lieu de se terminer par une fleur, émettent latéralement tous ou seulement les inférieurs des axes tertiaires, simples ou ramifiés (l'avoine). La panicule, ordinairement en forme de pyramide, peut d'ailleurs être *lâche*, *diffuse*, *serrée*, etc.

En thyrse, quand elles sont disposées en panicule ovale, dont les pédoncules sont rameux et plus longs au milieu qu'aux deux extrémités (le marronnier d'Inde).

En corymbe, quand les pédoncules inférieurs sont beaucoup plus longs que les supérieurs, de sorte que, partant de points différents, ils arrivent tous à peu près à même hauteur (la millefeuille). Le corymbe est dit *simple* ou *composé*, selon que les fleurs terminent des pédoncules simples ou ramifiés.

En ombelle, quand les pédoncules, partant du même point, arrivent à peu près à la même hauteur, de sorte que les fleurs, qui les terminent, forment une surface continue, plane ou convexe, comme celle d'un parasol. Dans ce cas, la partie de l'axe primaire, qui émet les axes secondaires, ne s'est pas allongée, et ceux-ci, qu'on nomme *rayons*, paraissent naître au même point. L'ombelle est *simple*, quand les pédoncules portent immédiatement les fleurs (l'oignon); elle est *composée*, quand chaque pédoncule se ramifie au sommet, d'après le même principe, c'est-à-dire émet des pédicelles également disposés en *ombelles partielles* ou *ombellules* (la carotte, le cerfeuil). Les bractées qu'on voit souvent à la base des ombelles et qui, par la réduction de l'axe, sont disposées en un même cercle, forment ce qu'on appelle l'*involucre* ou la *collerette*, et chacune d'elles prend le nom de *foliole* ou d'*écaille*, selon sa consistance; celles qui accompagnent chaque ombelle partielle forment l'*involucelle*.

En tête ou *en capitule*, lorsque les fleurs très-nombreuses, sessiles ou à peu près, sont serrées et ramassées en disque ou en boule au sommet d'un pédoncule commun (la scabieuse). Dans ce cas, les axes secondaires terminés par les fleurs ne se sont pas plus allongés que la partie de l'axe primaire qui les émet.

Parmi les fleurs en tête, on remarque celles improprement nommées *fleurs composées*, et qui, par leur réunion, semblent, au premier abord, former une fleur unique (l'artichaut, la laitue). Mais elles se distinguent de toutes les fleurs en tête, parce qu'elles ont les anthères soudées en tube. Aussi Richaud les a-t-il nommées avec raison *synanthérées*. En outre, leur pédoncule commun est épaissi et fortement élargi au sommet, en forme de plateau, qui présente une grande surface tantôt plane, tantôt convexe ou même concave, où sont insérées les fleurs. Ce plateau se nomme *réceptacle* ou *clinanthe*, et le capitule reçoit le nom particulier de *calathide* (petite corbeille). Je n'ai pas employé ces deux derniers termes dans les descriptions.

5

L'ensemble des bractées, réunies à peu près à même hauteur autour du sommet de l'axe primaire, se nomme *involucre*, comme dans les fleurs en ombelle, et chacune d'elles prend de même le nom de *foliole* ou d'*écaille*, selon sa consistance. Mais ici les bractées dont se compose l'involucre sont disposées tantôt sur un seul rang, tantôt sur plusieurs, et alors les extérieures recouvrent le bas des intérieures ; dans le premier cas, l'involucre est dit *simple*, et dans le second *imbriqué*. Lorsque les bractées sont sur deux rangs, et que les extérieures sont beaucoup plus petites que les intérieures, souvent d'une autre forme, on dit que l'involucre est *caliculé*.

Remarquons, en terminant, que le réceptacle peut être fortement concave ou même absolument fermé, comme dans la figue, dont toute la partie visible en forme de poire est la surface extérieure du réceptacle charnu, l'intérieure portant les fleurs cachées dans une cavité fermée de toutes parts.

INFLORESCENCES DÉFINIES.

Dans cette division, l'axe primaire, au lieu de s'allonger, se termine par une fleur accompagnée à sa base de deux bractées opposées. Chacune d'elles émet à son aisselle un pédoncule ou axe secondaire, terminé de même par une fleur munie de deux bractées, d'où partent deux autres pédoncules ou axes tertiaires, ainsi de suite. L'inflorescence se compose alors d'une suite de bifurcations offrant toujours entre elles une fleur terminale et centrale, et comme la ramification dont il s'agit se nomme *dichotome*, on dit que l'inflorescence est *dichotome*. Si la fleur terminale est accompagnée de trois bractées verticillées, émettant chacune à leur aisselle un pédoncule qui se ramifie par une suite de trifurcations successives qu'on nomme *trichotomie*, on dit que l'inflorescence est *trichotome*.

Dans les deux cas précédents, l'inflorescence prend le nom de *cime*, caractérisée par la floraison qui commence toujours par les fleurs centrales (la rue).

Jusque vers ces derniers temps, on appelait *cime* la disposition dans laquelle les fleurs, formant une surface plane ou peu convexe, sont portées par des pédicelles inégaux, naissant à différentes hauteurs sur des pédoncules partis environ d'un même point (le sureau, le cornouiller).

Dans la cime, telle qu'on la définit actuellement, il est entendu que les axes successifs naissent à l'aisselle de bractées, et non de véritables feuilles comme dans la petite centaurée; car, alors, on n'a plus qu'une suite de fleurs solitaires et terminales.

Au reste, il arrive souvent que la cime devient irrégulière par l'avortement de quelques bractées, ou des axes qu'elles devraient émettre.

Quelquefois les axes sont très-courts ou presque nuls, et alors les fleurs sont agglomérées, comme dans les œillets. Cette disposition se nomme *fascicule* ou *cime contractée*.

INFLORESCENCES MIXTES.

Les inflorescences définies ou indéfinies sont loin d'avoir toujours les caractères précis que nous venons d'indiquer; elles passent, au contraire, fréquemment l'une dans l'autre, et souvent par des nuances presque insensibles. C'est ce qu'on nomme en général *inflorescences mixtes*. Ainsi, par exemple, l'axe primaire s'allonge sans porter des fleurs, tandis que les axes d'un autre ordre se comportent comme dans les inflorescences définies. D'autres fois l'inflorescence est indéfinie dans sa portion inférieure, et devient définie vers le sommet. Enfin, l'épi ou la grappe peuvent se terminer par une fleur.

Pour ces cas et les autres analogues, nous avons, dans les descriptions, indiqué la double disposition des fleurs, en réunissant les termes qui expriment les deux modes d'inflorescences, comme cimes paniculées, ou en panicules, en corymbes, etc.

ORGANES TRANSFORMÉS OU ACCESSOIRES.

Fasciation. — On nomme ainsi les expansions vertes et aplaties dans lesquelles se transforment les rameaux florifères de certaines plantes, par suite de la disposition de leurs faisceaux ligneux dans un même plan. Les rameaux du cactus raquette sont dans ce cas. Il en est de même du fragon, dont les rameaux, exactement semblables à des feuilles coriaces portant les fleurs au milieu de leur nervure moyenne, ont été longtemps décrits sous ce nom.

Vrilles. — On désigne sous ce nom des filets flexibles, simples ou rameux, qui se roulent en spirale, et dont la plante se sert pour enlacer les corps voisins, à l'aide desquels elle se soutient. La vrille, qui est toujours un organe métamorphosé, provient tantôt d'un pédoncule floral très-allongé (la vigne), tantôt d'un rameau, tantôt de différentes parties de la feuille, et surtout de ses nervures (les gesses, l'orobe), ou même des stipules (les smilax). Dans tous les cas, le point de départ des vrilles indique l'organe qui s'est ainsi transformé, et qui souvent conserve en partie son caractère propre.

Épines. — Les épines ou piquants sont de petits rameaux courts, raides, terminés par une pointe simple ou rameuse. Ce sont toujours des organes transformés, dont on reconnaît la nature par leur position. Elles proviennent le plus souvent de rameaux avortés (le prunier sauvage), ou encore de différentes parties de la feuille, comme ses nervures principales (les chardons), le pétiole (l'astragale épineux), les stipules (le robinier). Quelquefois ce sont les nervures des feuilles qui s'allongent au détriment du parenchyme (l'épine-vinette); d'autres fois c'est le coussinet (le groseiller à maquereaux). Rarement, enfin, le pédoncule lui-même se termine en épine (l'alysson épineux).

Les épines peuvent être *axillaires, terminales, solitaires, géminées, fasciculées, simples, rameuses, palmées*, etc.

Aiguillons. — Ces appendices se distinguent aisément des épines, en ce qu'ils semblent seulement collés sur l'épiderme, dont ils se détachent sans rupture et avec la plus grande facilité. Ils paraissent formés par des poils accrus et endurcis. Ordinairement, ils affectent la forme d'un cône effilé, droit ou crochu, souvent comprimé. On les observe disséminés sans ordre sur différentes parties de la plante, mais principalement sur les pétioles et les nervures des feuilles. Le rosier les présente dans tous les degrés de leur développement.

Poils. — Les poils sont des cellules de l'épiderme plus allongées, plus saillantes que les autres, et recouvertes, aussi bien que les cellules non en saillie, par la pellicule épidermique, qui leur forme autant de fourreaux. On les observe principalement sur les rameaux, les pétioles, les nervures et la face inférieure des feuilles ; ils sont surtout très-abondants sur la plupart des jeunes pousses, mais ils en disparaissent au moins en grande partie au bout d'un certain temps. Le plus souvent les poils ne sont composés que d'une seule cellule allongée en forme d'aiguille, et dont la direction, par rapport à la surface générale de l'épiderme, est tantôt verticale, tantôt plus ou moins oblique, ou même horizontale. D'autres fois, les mêmes poils sont cylindriques ou renflés en massue au sommet ; enfin, ils peuvent être *simples, bifurqués* ou *en y, trifurqués* ou *à trois pointes, rameux* ou *étoilés.* On désigne en particulier sous le nom de poils *en navette* ceux qui sont formés de deux branches exactement opposées et appliquées sur la surface qui les porte (un grand nombre de Crucifères).

Ces mêmes modifications se rencontrent dans les poils composés d'une suite de cellules réunies bout à bout. Mais alors comme la cavité intérieure du poil, au lieu d'être continue, est interrompue par les surfaces superposées des cellules formant autant de cloisons de séparation, on dit alors qu'il est *cloisonné.* C'est ce que dans les descriptions on appelle improprement *poils articulés.* Souvent plusieurs poils, naissant d'un centre commun, figurent un pinceau ou une étoile. Dans ce dernier cas, lorsqu'ils viennent à se réunir au moyen de la pellicule épidermique qui les recouvre, ils forment une espèce de plaque brillante, irrégulièrement dentelée, analogue à celle qui orne le devant d'une cuirasse de carabinier ; on dit alors que les poils sont *écailleux* ou *en écusson* (les Éléagnées).

Enfin les petites écailles brunes ou roussâtres qu'on observe sur la plupart des fougères sont regardées comme de larges poils dits *scarieux.*

Glandes. — On nomme ainsi tout appareil de *sécrétion,* c'est-à-dire susceptible de *sécréter* ou soutirer un liquide particulier des substances avec lesquelles il se trouve en contact. Il est toujours composé d'une ou plusieurs cellules.

On distingue 1° les glandes pédicellées ou en saillie sur l'épiderme ; 2° les glandes sessiles, c'est-à-dire peu ou point saillantes. Les premières se nomment *poils glanduleux*, et les autres *glandes proprement dites*.

1° Les poils glanduleux affectent quelquefois la forme des poils ordinaires, dont ils ne diffèrent que par le liquide contenu; mais le plus souvent ils sont dilatés à leur extrémité. Les uns sont composés d'une seule cellule qui se renfle en boule ou en massue; dans les autres, formés de plusieurs cellules, le renflement provient de la cellule terminale, rarement de plusieurs. Les poils de l'ortie ne consistent que dans une cellule unique, fortement allongée en cône, dont l'extrémité offre un léger renflement droit ou un peu oblique. Quand le poil s'introduit dans la peau, il se casse vers cette extrémité qu'il y laisse, en même temps qu'il verse le liquide vénéneux contenu dans la cellule.

2° Les glandes ne diffèrent des poils glanduleux que par le défaut de pédicelle ; et souvent même ces deux modifications du tissu cellulaire passent l'une dans l'autre par des nuances presque insensibles, comme il est facile de l'observer sur les rosiers glanduleux.

Quelquefois les glandes sont intérieures ou situées sous l'épiderme, mais en général très-près de sa surface. Les points transparents qu'on remarque sur les feuilles de l'oranger, du millepertuis, etc., vues à contre-jour, sont des glandes intérieures contenant une huile volatile. On les désigne par l'épithète de *vésiculaires*.

C'est à une plus grande profondeur qu'on trouve les lacunes servant de réservoir aux sucs propres, et qui sont entourées de cellules particulières sécrétant leur liquide spécial.

NUTRITION DES VÉGÉTAUX.

Nous avons étudié tous les organes de la végétation, c'est-à-dire ceux que le végétal offre depuis sa première apparition jusqu'à celle de la fleur. Examinons maintenant l'action de ces organes pendant la vie, et voyons la part que chacun d'eux prend à la *nutrition*, c'est-à-dire à l'ensemble des fonctions par lesquelles les végétaux s'assimilent une partie des substances extérieures en rapport avec eux.

Parmi ces substances, les unes, situées dans le sein de la terre, sont pompées par les racines à l'état liquide, par suite de la fonction nommée *absorption*. Les autres, répandues dans l'air, sont introduites à l'état gazeux dans les feuilles et les parties vertes où elles se décomposent. Ce double phénomène se nomme *respiration*. Le liquide absorbé par les racines se modifie aussitôt après son entrée, et, prenant alors le nom de *sève*, parcourt en tous sens le tissu végétal : c'est ce qu'on appelle la *circulation*. Par suite de ce mouvement, la sève parvient jusqu'aux parties foliacées, où elle rencontre les substances gazeuses fournies par l'air, et y subit une transformation due à leur influence. Dès lors la sève, dite *élaborée*, redescend dans toutes les parties de la plante pour porter aux tissus les matériaux de leur entretien et de leur accroissement. Cette importante fonction se nomme *nutrition proprement dite* ou *assimilation*, et se lie d'une manière intime à la respiration. Outre les particules identiques avec celles des tissus que la sève est destinée à nourrir ou à former, elle en contient encore d'autres de diverses natures, qui produisent dans certaines places déterminées des matières connues sous le nom général de *sécrétions ;* celles d'entre elles que la plante rejette comme impropres à la nutrition se nomment particulièrement *excrétions*. Nous examinerons successivement ces différentes fonctions, après avoir fait connaître les substances qui coopèrent à la nutrition des végétaux.

ALIMENTS DES VÉGÉTAUX.

Lorsqu'on soumet à l'analyse chimique toutes les parties des végétaux, on obtient toujours et uniquement quatre corps simples, savoir : le *carbone*, l'*oxygène*, l'*hydrogène* et l'*azote*. Or, la chimie nous apprend que ces quatre corps peuvent former un grand nombre de composés différents, en se combinant deux à deux, trois à trois, quatre à quatre, et en diverses proportions, ce qui donne lieu aux composés dits *binaires*, *ternaires*, *quaternaires*. Nous allons indiquer les principaux de ceux qu'on rencontre dans les végétaux, en commençant par l'air et l'eau, qui jouent un si grand rôle dans leur nutrition.

L'air atmosphérique, qui entoure notre globe jusqu'à la hauteur de 75 kilomètres environ, est un simple mélange (non une combinaison) d'oxygène et d'azote, et tel qu'un volume de 100 parties d'air en donne à peu près 79 d'azote, 21 d'oxygène, plus une très-petite quantité d'*acide carbonique*, environ un millième en poids, et un demi-millième d'*ammoniaque*. L'air contient, en outre, plus ou moins d'eau à l'état de vapeur.

L'eau, si abondamment répandue dans la nature à l'état solide, liquide ou gazeux, est une combinaison d'oxygène et d'hydrogène dans la proportion de 1 à 1. Elle se compose en poids de 8 d'oxygène et 1 d'hydrogène, en volume de 1 du premier et 2 du second. L'hydrogène est le plus léger des corps simples. Il est en particulier 14 fois plus léger que l'air, et par suite on l'emploie avec succès pour gonfler les ballons.

L'acide carbonique est une combinaison de carbone et d'oxygène dans la proportion de 1 à 2. Il se compose en poids de 3 du premier et 8 du second. C'est de l'acide carbonique qui se forme toutes les fois qu'on allume du charbon.

L'ammoniaque ou *alcali volatil* est une combinaison d'azote et d'hydrogène dans la proportion de 1 à 3. Il se compose en poids de 14 du premier et 3 du second. C'est lui qui se dégage des matières animales en putréfaction.

L'eau, l'acide carbonique et l'ammoniaque sont donc des composés binaires dont les molécules se sont combinées 1 à 1, 1 à 2, 1 à 3.

Ces trois composés inorganiques servent de base à la nutrition des végétaux, et leur fournissent les éléments qui, sous l'influence des fonctions vitales, forment leurs matières organiques.

Ces matières sont des composés au moins ternaires, et, dans ce cas, résultent de la combinaison du carbone, de l'hydrogène et de l'oxygène. Les principales sont :

La *cellulose*, matière insoluble formant les parois des cellules, des fibres et des vaisseaux. Dans tous les végétaux, elle se compose uniformément de 12 molécules de carbone, 10 d'hydrogène et 10 d'oxygène, ou, ce qui revient au même, 12 de carbone et 10 d'eau.

La *fécule* ou l'*amidon*, matière insoluble dans l'eau froide, mais se coagulant à chaud, et qui, sous la forme de grains solides, remplit généralement l'intérieur des cellules, comme nous l'avons vu dans l'exposé des organes élémentaires. Elle offre identiquement la même composition que la cellulose, et toute la différence de ces deux substances organisées ne provient que de l'arrangement de leurs molécules.

Le *sucre* de canne ou de betterave, contenant une molécule d'eau de plus que les deux substances précédentes.

Le *ligneux*, qui enchâsse pour ainsi dire dans le bois la membrane des cellules, et contient proportionnellement un peu plus de carbone, et même d'hydrogène que la cellulose.

Le *latex*, les *huiles volatiles*, *résines*, etc., qui résultent de l'addition d'une certaine quantité d'hydrogène, et les acides végétaux, dus, au contraire, à une plus grande proportion d'oxygène.

Quant aux composés quaternaires, formés des trois mêmes éléments, plus l'azote, ceux qu'on trouve dans les cellules de l'écorce y sont toujours combinés avec une acide végétal, c'est-à-dire à l'état de sels; aussi les nomme-t-on *alcalis végétaux*. Ils forment les poisons et les médicaments qu'on extrait de l'écorce d'un grand nombre de plantes. Tels sont la quinine, la morphine, la strychnine, etc., si fréquemment employées en médecine.

Les tissus végétaux contiennent encore trois substances composées des quatre mêmes éléments et dans la même proportion, savoir: la *fibrine*, l'*albumine* et la *caséine;* elles constituent la partie nutritive du végétal pour les animaux, et se retrouvent toujours dans le sang qui, sans elles, ne pourrait se former. La fibrine existe dans toutes les parties du végétal, dont elle est regardée comme le principe; elle est insoluble dans l'eau. L'albumine se trouve en abondance dans le suc des plantes; elle se coagule à chaud. La caséine constitue avec la fécule la partie nutritive de la graine des Légumineuses, haricots, pois, lentilles, fèves, etc.; elle est soluble à froid dans l'eau. Quelques chimistes pensent que ces trois substances, dont l'analyse est délicate, contiennent encore du soufre.

Nous avons dit que toutes les parties végétales soumises à l'analyse chimique contiennent toujours quatre corps simples. Mais l'eau, qui est absorbée par les racines de la plante, contient souvent en dissolution diverses substances minérales qui se répandent avec elles dans les tissus, et s'y fixent quelquefois sans subir d'altération. Ces substances sont la potasse, la soude, la chaux, la magnésie, la silice, et même l'alumine et le fer ; elles peuvent être introduites dans la plante à l'état de sulfates, de phosphates, de carbonates, etc., ou bien, après leur introduction, se combiner avec les acides végétaux.

L'eau est fournie aux plantes par l'air et par la terre. L'acide carbonique leur vient de l'atmosphère qui, en renfermant le millième de son poids, contient, par conséquent, environ 15 billions de kilogrammes de carbone, quantité bien supérieure au poids de toutes les plantes vivant à la surface du globe. La terre leur transmet également beaucoup de carbone à l'état d'acide carbonique, et aussi de carbonates dissous dans l'eau que pompent ensuite les racines. Voici d'où provient cette nouvelle quantité d'acide carbonique. On sait que les substances végétales en putréfaction donnent lieu à la longue à une poussière noirâtre connue sous le nom d'*humus* ou de *terreau*. Pendant cette décomposition, l'oxygène de l'air atmosphérique, se combinant avec le carbone de la matière végétale morte, forme l'acide carbonique dont il s'agit. L'humus favorise donc la végétation, quoique par lui-même insoluble dans l'eau, où il se dissout cependant lorsqu'il est combiné à la chaux.

Enfin, l'ammoniaque nécessaire aux plantes est toujours mêlée à l'eau pluviale et à la neige, et l'on a calculé qu'il en tombe moyennement 40 kil. par an sur un espace de terrain formant un carré de 50 mètres de côté. Au reste, les débris végétaux et surtout animaux accumulent à la surface de la terre une grande quantité d'ammoniaque qui pénètre dans le végétal avec l'eau destinée à former la sève. Voilà pourquoi les engrais sont si utiles en agriculture.

Quant aux substances minérales qui se trouvent dans les

plantes en quantité variable, il est clair que leur présence dans les tissus doit dépendre uniquement de la nature du sol. Toutefois, elles exercent une influence très-favorable sur la végétation, même celles que l'eau ne peut dissoudre. Car ces substances insolubles absorbent l'acide carbonique et l'ammoniaque, que l'eau pluviale en sépare ensuite peu à peu pour les introduire avec elle dans les plantes environnantes. Or, les deux gaz dont il s'agit se seraient volatilisés sans l'action de ces substances qui servent donc à fixer autour des racines un grand dépôt des éléments indispensables à la nutrition des végétaux.

Les substances minérales solubles exercent sur les plantes une influence encore plus directe, plus spéciale, en stimulant le jeu de leurs organes par la présence de matériaux étrangers non susceptibles de s'assimiler à eux. On les rencontre surtout près de l'écorce, où la force vitale a, en effet, sa plus grande énergie, et où l'évaporation est plus abondante.

On détermine aisément la quantité de matières minérales contenues dans une plante donnée, en pesant d'abord la plante, puis les cendres qui sont le résidu de sa combustion; car le feu anéantit toutes les substances végétales, et non les minérales. Si alors on examine les principes fixes contenus dans les cendres, il sera facile d'assigner la nature du terrain qui convient à l'espèce de plante brûlée. Par exemple, la tige du froment contient de la silice, et son grain, des phosphates de potasse, de chaux et de magnésie; ce qui est presque général dans la famille des Graminées. Les champs privés de toutes ces substances donneront une récolte médiocre, quelle que soit d'ailleurs la quantité d'engrais ajoutée au sol. S'il contient de la silice et peu ou point de phosphate, on récoltera beaucoup de paille, mais peu de blé. S'il y a beaucoup de phosphates et peu de silice, on aura l'apparence de beaucoup de grains, mais la tige se courbera trop tôt sous le poids des épis.

Lorsqu'on veut amender un terrain, on doit surtout avoir égard aux propriétés de l'argile, du sable et de la chaux carbonatée. On sait que l'argile retient parfaitement l'eau, tandis que le sable ou la silice la laisse passer entièrement; d'un autre côté, les matières calcaires, qui absorbent avec énergie l'acide carbonique et l'ammoniaque, sont donc éminemment utiles pour en accumuler de grands dépôts autour des racines des végétaux. Par conséquent, un mélange de ces trois sortes de matières, dans une proportion telle qu'il laisse un passage libre à l'air et à l'humidité, doit constituer le terrain le plus fertile possible. Ainsi, l'on atteindra le but proposé en fournissant au sol les matériaux dont il a besoin pour offrir un mélange tel que nous venons de l'indiquer. Les principales substances employées à cet effet sont les plâtres, les marnes, les cendres, etc.

ABSORPTION DES RACINES.

Nous avons dit plus haut que le développement de la racine et de ses ramifications s'opère uniquement par leur extrémité, qui se trouve ainsi toujours nouvelle. Les cellules dont ces extrémités se composent sont donc récemment formées ou comme à l'état naissant, et, par conséquent, molles, gorgées de sucs épais contenus dans une paroi facilement perméable, et encore privées de l'épiderme qui recouvre déjà tout le reste du corps radiculaire. Or, ces conditions réunies sont précisément celles qui doivent se rencontrer, pour que l'absorption ait lieu au moins en quantité suffisante, comme nous allons le faire voir.

Les cellules étant closes de toutes parts, un liquide ne peut s'y introduire, ni de là pénétrer de proche en proche dans les autres cellules du tissu, s'il n'est sollicité par une force convenable. Cette force existe : c'est l'*endosmose*. On sait que deux corps inégalement chauds, mis en présence l'un de l'autre, tendent à se mettre en équilibre de température. De même, deux liquides de densité différente, séparés par une membrane organique, tendent à se mettre en équilibre de densité ; de sorte qu'à travers la membrane il s'établit deux courants dirigés en sens inverse l'un de l'autre, et inégaux en vitesse.

Voici comment on peut vérifier le phénomène, et en même temps constater son énergie. On noue solidement à l'extrémité d'un tube gradué une vessie renfermant une dissolution de gomme; on place la vessie dans un vase contenant de l'eau pure, de manière que les deux liquides aient le même niveau, le tube étant vertical. Bientôt alors on voit se manifester un double courant, l'un de dehors en dedans, nommé *endosmose*, qui introduit de l'eau pure dans l'eau gommée; l'autre de dedans en dehors, nommé *exosmose*, qui transporte l'eau gommée dans l'eau pure. Comme le courant formé par le liquide le moins dense est celui qui a le plus de vitesse, il en résulte que l'eau gommée reçoit plus qu'elle ne donne; aussi voit-on son niveau s'élever dans le tube, jusqu'à ce que les deux liquides soient parvenus à la même densité; la graduation du tube permet de déterminer la vitesse de l'ascension, qui est d'autant plus rapide que la différence de densité des deux liquides est plus considérable.

C'est exactement le même phénomène qui se passe dans l'absorption des racines. Leurs cellules contiennent des sucs plus épais que l'eau de la terre, malgré les diverses matières que celle-ci peut tenir en dissolution. L'eau s'introduira donc d'abord dans les cellules les plus extérieures, et de là pénétrera de proche en proche dans toutes les autres du tissu. Ainsi, les racines absorbent, avec l'eau de la terre, les substances qui s'y trouvent dissoutes, mais non la poussière même la plus ténue qu'elle pourrait tenir en suspension, et qui reste toujours au dehors en totalité. Les jeunes cellules des extrémités réunissent, comme on sait, toutes les conditions nécessaires pour une absorption énergique et facile. Mais il en est tout autrement des cellules supérieures plus âgées, moins perméables, et recouvertes conjointement d'un épiderme dépourvu de stomates. En effet, lorsque la racine d'une plante est plongée tout entière dans l'eau, sauf les extrémités, la plante végète encore un peu, mais languit, tandis que si les extrémités seules plongent dans le liquide, la plante offre tous les indices d'une végétation vigoureuse.

Un autre effet vient se joindre à l'action de l'endosmose, c'est celui de la *capillarité*, qu'on nomme ainsi parce qu'il a principalement lieu dans des tubes fins comme des cheveux (en latin *capillus*). La paroi de ces tubes exerce sur le liquide qui peut la mouiller une attraction, par suite de laquelle il s'élève au-dessus de son niveau, et d'autant plus que le diamètre intérieur du tube est plus petit. Or, les racines ne sont pas uniquement composées de cellules; leur partie centrale offre des faisceaux de vaisseaux parcourant sa longueur, et même quelquefois celle du végétal tout entier. Le liquide, à peine absorbé par les cellules des extrémités radicellaires, rencontre donc aussitôt les tubes capillaires des vaisseaux, où il s'élève bien plus rapidement qu'à travers les cellules.

CIRCULATION.

Nous venons de voir comment l'eau de la terre pénètre dans les racines, où elle introduit en même temps les diverses substances qu'elle tient en dissolution. Cette eau prend dès lors le nom de *sève ascendante*, ou simplement de *sève*. Elle s'épaissit de plus en plus à mesure qu'elle monte de cellule en cellule, en dissolvant une partie des matières solides qu'elle y rencontre. Son ascension continue est déterminée non-seulement par l'action de l'endosmose et de la capillarité, mais encore par une nouvelle force aussi puissante, qui est l'attraction exercée d'en haut par les bourgeons et par les parties foliacées. Les bourgeons tirent de la tige, ou des branches où ils sont situés, les matériaux nécessaires à leur développement. Les feuilles qui viennent de se former donnent lieu à une abondante évaporation par les stomates dont leur surface est garnie. Cette double perte est réparée par une quantité suffisante de sève enlevée à la tige, et remplacée de proche en proche par celle des parties voisines, jusqu'à la racine qui doit, en définitive, la compenser par l'absorption. Le développement des bourgeons et l'évaporation par les feuilles contribuent donc puissamment à l'ascension de la sève.

Au printemps, dès qu'une chaleur vivifiante commence à succéder aux rigueurs de l'hiver, la plante se prépare à sortir de son engourdissement, et le premier indice de son réveil est un léger grossissement des bourgeons de l'année précédente, restés stationnaires pendant la mauvaise saison. Presque aussitôt l'absorption des racines s'établit. Dès lors, la sève, con-

nue sous le nom de *sève du printemps*, s'élève en abondance
et avec une grande vigueur. C'est d'elle seule que provient
l'eau dite les *pleurs de la vigne*, qu'on voit couler en quantité
lorsqu'on en taille même un tronçon presque à fleur de terre.
La sève, continuant à monter, pénètre tous les tissus, et
surtout le corps ligneux, où elle rencontre les dépôts des
diverses substances accumulées l'année précédente; elle les
délaye, en dissout une partie, et s'épaissit de plus en plus
dans cette ascension continuelle. Bientôt les bourgeons se
développent, les jeunes rameaux qui en proviennent s'allongent, leurs feuilles se déroulent et ne tardent pas à acquérir
leurs dimensions et leur consistance définitives. Ce développement imprime une nouvelle impulsion au mouvement alors
ralenti de la sève, qui parvient ainsi, de bas en haut, jusqu'aux
jeunes branches, et, de dedans en dehors, jusqu'aux surfaces
des feuilles et l'écorce où elle se met en communication avec
l'air. Là, par suite de l'acte de la *respiration*, que nous trai-
terons à part, la sève perd, à l'état de vapeur, une grande
partie de son eau, se modifie, s'organise, et, sous le nom de
sève descendante ou *élaborée*, rétrograde jusqu'aux racines où
a commencé la circulation. C'est par l'écorce que descend la
plus grande partie de la sève, laissant des dépôts de nourriture en certaines places déterminées qu'elle rencontre sur son
passage. Ainsi, le cambium, principe essentiel de la formation
des tissus et de l'accroissement des végétaux, se dépose entre
le bois et l'écorce, en dedans des fibres corticales et des vaisseaux laticifères. Le petit bourgeon qui se prépare à l'aisselle
de chaque feuille, et commence toujours par un amas de cellules, est rencontré par les vaisseaux qui accumulent à la
base du pétiole tout le latex produit par la feuille. La portion
de la sève qui descend par ces vaisseaux ne parvient qu'après
un grand nombre de circonvolutions, à l'extrémité des racines, où ils se terminent toujours. Mais la portion qui chemine
par les fibres du liber, composées de longs tubes simples, suit
une marche à peu près directe jusqu'en bas.

Tout ce qui précède concerne uniquement, comme on a pu
s'en apercevoir, les tiges des dicotylédonées, qui sont les
végétaux les plus parfaits. Dans les monocotylédonées, les

faisceaux fibro-vasculaires, contenant d'ailleurs les vaisseaux laticifères et les fibres analogues à celles du liber, sont disséminés sans ordre apparent dans toute l'épaisseur de la tige. Aussi, dans cette classe de plantes, le cambium forme un grand nombre de petits dépôts partiels également disséminés par toute la tige, et situés dans le voisinage des vaisseaux propres. Le bourgeon terminal profite donc naturellement de la sève élaborée par les feuilles de celui qui l'a précédé.

Nous avons dit que la sève du printemps monte principalement à travers les tissus du corps ligneux. Ceci a lieu lorsqu'il s'agit d'une jeune branche; car, dans les plus âgées, c'est seulement à travers l'aubier. Lorsque les jeunes rameaux sont complétement formés, la plupart des vaisseaux ne contiennent plus que des gaz, et la sève ne monte plus que par le tissu cellulaire. Son mouvement s'affaiblit donc peu à peu, sans toutefois s'arrêter, de manière qu'elle se borne à réparer les pertes journalières de la végétation, et à préparer les matériaux des organes qui doivent se développer l'année suivante. Lorsque la chaleur a été précoce, ces matériaux, prêts de bonne heure, donnent une nouvelle impulsion à la sève, qui reprend alors momentanément une certaine vigueur, et, sous le nom de *sève d'août*, reproduit une partie des phénomènes de la sève du printemps.

Pendant l'automne, les tissus solidifiés se dessèchent; l'évaporation s'arrête ainsi que le mouvement de la sève; les feuilles tombent ou au moins cessent de végéter, et les fonctions de la vie restent suspendues pendant la durée de la mauvaise saison.

La circulation générale de la sève, telle que nous venons de l'exposer, a lieu dans les végétaux formés d'organes élémentaires plus ou moins variés. Mais certaines plantes aquatiques, uniquement composées de cellules, offrent une autre circulation remarquable, dite *intra-cellulaire*, parce qu'elle s'exécute dans l'intérieur des cellules. Ce phénomène est surtout très-distinct dans les *Chara*, dont les entre-nœuds sont des cellules cylindriques placées bout à bout, et tantôt isolées, tantôt entourées d'autres plus petites. Si l'on examine au microscope une cellule centrale mise dans l'eau, on aperçoit de nombreux granules nageant dans le liquide transparent qu'elle renferme. Le mouvement de ces granules forme un seul courant qui suit sans interruption la paroi de la cellule, s'infléchissant à chacun de ses changements de direction.

RESPIRATION.

Chez les animaux, l'acte de la respiration est un phénomène complexe, comprenant ce qu'on appelle l'*inspiration* et l'*expiration*. Par l'inspiration, ils enlèvent à l'air atmosphérique une certaine quantité d'oxygène que la circulation du sang transmet à toutes les parties du corps. Là cet oxygène, se combinant avec le carbone des tissus, forme de l'acide carbonique, qui est ensuite expulsé du corps par l'expiration. Ainsi, la respiration des animaux a pour résultat d'enlever à l'atmosphère une grande quantité d'oxygène, et de lui verser de l'acide carbonique.

Les végétaux, au contraire, enlèvent à l'air une certaine quantité d'acide carbonique qui s'introduit par les stomates des parties vertes, et pénètre dans les méats ou lacunes qui leur répondent toujours. Là, cet acide carbonique se décompose sous l'influence de la lumière. Le carbone se dépose dans les tissus, et l'oxygène est rejeté au dehors. Il y a donc absorption d'acide carbonique et dégagement d'oxygène, de sorte que la respiration présente des phénomènes inverses dans les animaux et dans les végétaux. De là vient qu'en définitive l'atmosphère conserve toujours la même proportion de ses éléments constitutifs, et les courants d'air font disparaître les différences qui peuvent résulter momentanément de la variété des saisons et des localités.

Ces phénomènes de la respiration des végétaux ont été confirmés par des expériences directes. Elles ont fait voir en même temps que l'oxygène rejeté ne provient pas uniquement de l'acide carbonique immédiatement absorbé par les parties vertes, mais encore d'une autre portion du même acide, existant déjà, tout formé dans l'intérieur des tissus. Au reste, sa décomposition par les feuilles ne peut avoir lieu que sous l'influence de la lumière du jour; car, pendant la nuit ou dans l'obscurité, le phénomène est interverti. Alors, les feuilles absorbent de l'oxygène et dégagent de l'acide carbonique. Mais celui-ci ne résulte pas d'une combinaison chimique opérée dans l'intérieur de la plante; introduit par les racines avec l'eau de la terre, où il se trouvait dissous, il a circulé dans la sève jusqu'à la surface des parties vertes, où il vient se dégager avec la vapeur de l'eau qui le contenait en dissolution. Cette émission, due à un fait purement physique, est d'ailleurs loin de balancer le résultat de l'absorption d'où provient tout le carbone des végétaux.

Les parties vertes ont seules le pouvoir de décomposer l'acide carbonique à la lumière. Les parties d'une autre couleur que le vert absorbent de l'oxygène et dégagent de l'acide carbonique, aussi bien le jour que la nuit. La graine se comporte encore de la même manière en germant. Dès son premier développement, elle absorbe de l'oxygène qui se combine en totalité avec une partie du carbone de ses tissus; l'acide carbonique, ainsi formé, se dégage. Il se passe donc alors le même phénomène que dans la respiration des animaux. Mais dès que la jeune plante a étalé au jour ses premières feuilles, celles-ci commencent à s'acquitter de leurs véritables fonctions.

Nous avons vu que les feuilles submergées manquent absolument d'épiderme et de stomates. Leur parenchyme est immédiatement baigné par l'eau qui contient toujours de l'air, et, par conséquent, de l'acide carbonique. Celui-ci pénètre dans les cellules, où il se décompose sous l'influence de la lumière; et, comme à l'air libre, il y a dégagement d'oxygène et fixation de carbone dans les tissus. Les poissons absorbent l'oxygène et le changent, comme les animaux terrestres, en acide carbonique qui reste dissous dans l'eau.

On voit, par cet exposé, que l'influence réciproque de la lumière et des parties vertes constitue essentiellement le phénomène de la respiration, d'où dépend la fixation du carbone dans les tissus. Or, le carbone est indispensable aux végétaux pour se solidifier à l'intérieur, et se colorer en vert à l'extérieur. C'est pourquoi les plantes tenues forcément à l'ombre s'allongent en devenant molles et blanchâtres, ou, en un mot, s'étiolent. On en voit un exemple dans la salade nommée vulgairement *barbe de capucin*.

Voici comment on explique la faculté qu'ont exclusivement les parties vertes de décomposer l'acide carbonique sous l'influence de la lumière. On sait qu'un rayon lumineux est dû à la réunion de plusieurs rayons particuliers qui diffèrent entre eux, non-seulement par la couleur, mais encore par l'inégalité de leur action, soit pour élever la température des corps, soit pour altérer certaines combinaisons chimiques. Un rayon de lumière renferme donc des rayons *colorés*, des rayons *colorifiques*, des rayons *chimiques;* et c'est sur la propriété de ces derniers qu'est basée la reproduction des images par le daguerréotype. Or, dans ces images, les parties vertes, naturelles ou artificielles, ne sont jamais reproduites, parce qu'elles absorbent les rayons chimiques avant de réfléchir les autres vers l'appareil. C'est probablement à l'action des rayons chimiques absorbés qu'est due la décomposition de l'acide carbonique dans les parties vertes des végétaux.

En terminant cet article, bénissons la divine Providence qui a répandu avec profusion dans la nature la couleur verte, la plus douce à l'œil, la plus salutaire pour les vues faibles ou fatiguées. Cette couleur doit sans doute sa bénigne influence à l'absence totale des rayons chimiques, dont l'action prolongée affecte la sensibilité de la rétine, surtout dans les rayons jaunes, rouges ou orangés.

Évaporation. — C'est le nom qu'on donne au phénomène par suite duquel un végétal laisse échapper, à l'état de vapeur, une certaine partie de l'eau qu'il contient. L'évaporation a lieu par toutes les surfaces exposées à l'air, et principalement par les surfaces vertes. Mais la quantité de vapeur ainsi dégagée est très-faible, comparativement à celle qui s'exhale par les stomates, et qui est en proportion de leur nombre. C'est donc un phénomène analogue à la transpiration pulmonaire des animaux. L'évaporation s'effectue sous l'influence de la lumière du jour, comme la respiration, et cesse également la nuit. D'ailleurs, elle augmente ou diminue selon que l'air atmosphérique est plus sec ou plus humide.

Certaines plantes, quoique déracinées, peuvent néanmoins

vivre quelque temps ; et de là on avait conclu que les feuilles absorbaient alors de la vapeur d'eau tenue en suspension dans l'air. Mais, dans ce cas, la conservation des plantes provient du petit nombre de leurs stomates, d'où résulte une évaporation très-lente ou insensible. Il en est de même des feuilles qui reposent sur l'eau par leur face inférieure. Elles se conservent fraîches parce que l'évaporation a cessé ou à peu près.

L'un des principaux effets de l'évaporation est, comme nous l'avons vu, de contribuer puissamment à l'ascension de la sève.

NUTRITION *proprement dite*, SÉCRÉTIONS, EXCRÉTIONS.

La *nutrition*, envisagée d'une manière générale, est, comme nous l'avons dit, l'ensemble des fonctions par lesquelles les végétaux s'assimilent une partie des substances extérieures en rapport avec eux. Nous avons indiqué la nature et les propriétés de ces substances, qui sont introduites à l'état inorganique, sous l'action de forces purement physiques, au moins pour la plupart d'entre elles. Bientôt après, soumises à un nouveau travail, elles éprouvent une décomposition plus ou moins complète, et leurs éléments forment de nouvelles combinaisons sous l'action des forces chimiques. Ces substances, ainsi élaborées, sont devenues propres à nourrir les divers organes par des particules semblables à celles dont ils se composent ; dès lors, chacun d'eux s'empare de ce qui lui convient, se l'assimile. Cette assimilation, qu'on appelle la nutrition proprement dite, a lieu sous l'influence d'une force *vitale*, qui nous est totalement inconnue. Au reste, cette force vitale préside à l'ensemble de la nutrition, et dirige les forces physiques et chimiques qu'elle emploie uniquement comme auxiliaires.

Nous ne reviendrons pas sur les diverses substances qui servent à nourrir les tissus ou à en produire de nouveaux, les ayant traitées avec quelque détail dans notre article intitulé *aliments des végétaux*. Ces substances font partie de la sève qui circule par toute la plante, et chaque organe en sépare, en *sécrète* les matériaux propres à sa nature pour se

les assimiler. Les divers produits de ce travail seraient donc
des *sécrétions;* mais on réserve particulièrement ce nom aux
matières différentes de celles que présente habituellement le
tissu végétal. Les sécrétions sont donc le produit du travail
de tout appareil sécréteur, comme les glandes, dont il a été
déjà question, et, en général, elles affectent certaines places
déterminées; mais, le plus souvent, elles se trouvent mêlées
avec la sève descendante, dont il devient très-difficile de
les distinguer. En outre, le tissu végétal est tellement uniforme, qu'il est impossible de reconnaître tous les organes
sécréteurs, et par conséquent de suivre la marche des fluides
particuliers qui en proviennent.

Lorsque la plante a soutiré de la sève les matériaux nécessaires à sa nutrition, elle tend à rejeter au dehors, à *excréter*
ceux qui ne peuvent lui servir à cet effet, et que par suite on
appelle *excrétions.* Mais il est encore très-difficile de les distinguer des sécrétions. Ainsi, par exemple, les *résines,* les *gom-
mes,* etc., qu'on voit couler sur l'écorce de quelques arbres,
proviennent des dépôts sécrétés à l'intérieur, et qui, par suite
de leur trop grande abondance, fendent l'écorce pour s'ouvrir
un passage en dehors. On ne peut donc appeler excrétion cet
excédent d'une sécrétion conservée dans l'intérieur du végétal, comme utile à sa nutrition.

Les matières *cireuses,* nommées vulgairement *fleurs,* qui
recouvrent la surface de certains fruits, sont encore bien
moins des excrétions, car elles ont pour but immédiat de
modérer l'évaporation des liquides, en même temps qu'elles
garantissent le fruit de l'humidité. Il en est de même des matières *résineuses,* qui protégent les écailles des jeunes bourgeons contre les intempéries de la mauvaise saison.

On regarde, au contraire, comme de véritables excrétions
les petits grains gélatineux qu'on trouve à l'extrémité d'un
grand nombre de racines, et qui seraient le résidu de la sève
descendante, c'est-à-dire la portion expulsée comme impro-
pre à la nutrition.

ACCROISSEMENT DES VÉGÉTAUX.

Nous venons d'examiner les phénomènes de la *nutrition* des

végétaux. Disons maintenant quelques mots sur leur *accroisse-ment*, qui en est le résultat. Pour plus de simplicité, il convient d'exposer à part l'accroissement des organes élémentaires, cellules, fibres, vaisseaux, et celui des organes composés, racines, tiges, feuilles. Or, nous avons vu, dans le premier chapitre, comment les organes élémentaires se développent et s'agrandissent ; il nous reste donc à indiquer comment ils se multiplient, en nous restreignant d'ailleurs aux cellules, puisque leur forme primitive est toujours celle d'une cellule. Nous parlerons ensuite de l'accroissement de la racine et de la tige, mais seulement dans les végétaux dicotylédonés, moins difficiles à observer dans nos régions tempérées.

ACCROISSEMENT DU TISSU CELLULAIRE.

Les cellules peuvent se multiplier de trois manières, savoir : par division, par formation dans une cellule-mère, par formation dans les méats intercellulaires.

1° Une cellule suffisamment allongée offre d'abord un étranglement produit comme par sa paroi repliée à l'intérieur. Le plis se développe insensiblement en cloison complète, qui se dédouble ensuite, de sorte que la cellule primitive se trouve divisée en deux. Ce mode de multiplication s'observe dans les végétaux acotylédonés inférieurs, et leurs ramifications résultent d'un petit renflement latéral développé au bout d'une cellule, dont il se sépare de même à sa base par le dédoublement d'une cloison formée comme ci-dessus.

2° Plusieurs cellules se forment dans la cavité d'une cellule-mère, dont la paroi qui leur sert d'enveloppe commune finit souvent par disparaître. Ce mode de multiplication est beaucoup plus commun que le précédent.

3° Les cellules se forment dans les méats ou lacunes intercellulaires, c'est-à-dire dans les intervalles que laissent entre elles des cellules déjà développées. C'est ce qui arrive pour le cambium déposé entre le bois et l'écorce.

Dans ces divers modes, le tissu cellulaire se montre toujours à son début sous la forme d'un liquide gommeux ou mucilagineux, qui prend par degré une consistance plus épaisse.

Bientôt cette espèce de gelée se trouve parsemée d'une foule de petits points opaques. Mais ici deux théories se partagent l'opinion des botanistes. Dans l'une, les points opaques sont autant de centres d'action, où s'amassent des granules destinés à former le mamelon granuleux dont nous avons déjà parlé (p. 10), et qui serait le germe d'une cellule. Dans l'autre théorie, le liquide originel est le cambium; les prétendus points sont de petites cavités qui s'agrandissent insensiblement à mesure que les cloisons interposées, primitivement fort épaisses, viennent à s'amincir. De là résulte un tissu cellulaire d'abord continu, et semblable à la mousse qui s'élève à la surface de l'eau de savon agitée. Plus tard, les cloisons se dédoublent, et alors le tissu se divise en cellules distinctes, séparées entre elles par des méats ou des lacunes. Le cambium s'observe, non-seulement dans les divers interstices, mais encore dans l'intérieur des cellules et des vaisseaux. Quelquefois leur cavité paraît pleine de tissu cellulaire; mais plus souvent on n'y trouve qu'une seule cellule développée aux dépens des autres, et dont la paroi finit par s'appliquer contre celle de la cellule-mère, qu'elle vient ainsi à doubler : une nouvelle cellule peut de même s'appliquer contre la précédente, et ainsi de suite. En effet, nous avons vu (p. 4) que les diverses apparences offertes par les cellules ponctuées, rayées, etc., s'expliquent aisément par l'application intérieure d'une ou plusieurs membranes diversement ponctuées ou découpées à jour, et dont chacune se moule sur son aînée.

Dans tous les cas, le cambium est produit par les sucs les plus élaborés de la sève qui descend le long de la surface interne de l'écorce. Les belles expériences de Duhamel sur les arbres de nos climats ne peuvent laisser aucun doute à cet égard.

ACCROISSEMENT DES RACINES ET DES TIGES.

Nous avons vu la racine et la tige s'allonger dans deux directions opposées, et celle-ci s'accroître en épaisseur par l'interposition annuelle de faisceaux fibro-vasculaires entre l'étui médullaire et l'écorce. C'est seulement l'origine de ces faisceaux qui divise encore aujourd'hui les botanistes; car on

s'accorde pour admettre que la production de la partie purement cellulaire est partout locale et due à la multiplication
des cellules déjà formées : de sorte que, dans l'accroissement
du bois en épaisseur, l'augmentation de ce tissu provient d'une
extension transversale des rayons médullaires.

Pour la production des faisceaux, deux théories sont en
présence ; dans l'une, le cambium, fourni comme on sait
par les sucs élaborés de la sève descendante, et qui se répand
de proche en proche sur toute la surface interne de l'écorce,
contiendrait les éléments des faisceaux qui s'y développe-
raient successivement, portion par portion. Ainsi, leur production serait locale comme celle du tissu cellulaire.

L'autre théorie doit être exposée avec quelque détail, à
cause de son retentissement dans la presse périodique. Proposée d'abord par l'astronome François Lahire, puis cent ans
après par Dupetit-Thouars, elle vient de recevoir un nouveau
degré d'extension par les intéressantes observations de M. Gaudichaud.

Nous avons vu que les bourgeons sont des organes latéraux,
analogues à des embryons fixes, dont le développement produit un rameau pareil à la tige où il est implanté. Quelques-
uns, comme les bulbes, les cayeux, etc., s'en détachent à la
maturité, et poussent alors aussi bien que les vrais embryons
des racines destinées à les nourrir. Selon Dupetit-Thouars,
les bourgeons, sans exception, émettent également des racines qui sont précisément les faisceaux fibro-vasculaires naissant à la base des bourgeons, et développés entre l'étui médullaire et l'écorce d'où ils sortent sous forme de racines. Chemin
faisant, ils puisent leur nourriture dans la sève élaborée
déposée sur leur passage, et, se réunissant aux faisceaux
provenant des autres bourgeons, ils forment, par leur ensemble, une couche ligneuse. Chaque année les mêmes phénomènes se reproduisent par une nouvelle émission de bourgeons, de sorte que le bois gagne une nouvelle couche, et les
racines, de nouvelles ramifications.

M. Gaudichaud étend cette théorie aux rameaux et aux
feuilles qui proviennent du développement du bourgeon. Pour
lui, un embryon monocotylédoné, moins sa gemmule, est

le type de l'individu végétal, qu'il nomme *phyton* (Φυτόν, plante), et qui est donc composé de deux systèmes, l'un *ascendant* (tige et cotylédon ou feuille), l'autre *descendant* plus tardif (racine). Quand la gemmule (premier bourgeon) se développe, un premier entre-nœud terminé par une feuille s'allonge au-dessus du cotylédon, et forme ainsi le système ascendant d'un autre phyton ; son système descendant, composé de filets fibro-vasculaires, parcourt l'intérieur de la tigelle, et de là pénètre dans la terre. Ainsi de suite pour toutes les feuilles à mesure qu'elles se développent, soit sur la tige, soit sur un rameau ; car, dans ce dernier cas, les faisceaux, ayant atteint le bas du rameau, passent dans la branche qui les porte, et de là dans la tige et la racine. Quant à l'embryon dicotylédoné, ce n'est autre chose que l'assemblage de deux phytons opposés. Les faisceaux fibro-vasculaires de l'écorce, ayant la même origine que ceux du bois auxquels ils sont primitivement contigus, proviennent également des bourgeons, et font partie du système descendant.

En résumé, cette théorie diffère de la première en ce qu'elle regarde les faisceaux fibro-vasculaires comme les racines des bourgeons, qui se solidifient en descendant, au lieu que dans l'autre théorie les faisceaux se développent et se solidifient sur place.

Quoi qu'il en soit, le bois de la racine est toujours contigu à celui de la tige et lui est parfaitement semblable, tant sous le rapport de son organisation, que par le défaut des trachées qu'on observe uniquement dans l'étui médullaire.

ORGANES DE LA REPRODUCTION.

DE LA FLEUR EN GÉNÉRAL.

Prenons pour exemple le liseron blanc, si commun dans les haies (*pl. 4*, *fig.* 2). Nous remarquons d'abord une espèce de cloche blanche, assez grande, plissée sur ses cinq angles, c'est la *corolle ;* elle est entourée à la base de cinq petites feuilles vertes (*a*, *a*, ...) composant le *calice*, et de deux autres plus grandes, qui sont des *bractées.*

Si l'on fend en long la corolle, on verra qu'elle porte dans le bas cinq supports grêles (*b*, *b*, ...), inégaux, un peu élargis à la base, et terminés au sommet par une petite masse allongée, jaune et pleine de poussière, ce sont les *étamines*. Au centre de la fleur et entre les étamines se trouve un corps oblong, surmonté d'un filet allongé, et terminé au sommet par une petite masse à deux lobes, c'est le *pistil*.

Dans les fleurs où la corolle se compose de plusieurs pièces, comme dans la rose, chacune d'elles se nomme *pétale*.

Prenons maintenant une fleur du lis blanc (*pl.* 4, *fig.* 3 *A*), cultivé dans tous les jardins. Au centre de la fleur, nous verrons le pistil entouré par six étamines; mais nous ne trouverons qu'une seule enveloppe florale à six parties ou divisions, disposées sur deux rangs très-rapprochés.

Si nous prenons enfin une fleur de bourrache (*pl.* 4, *fig.* 4 *A*), outre les deux enveloppes florales, les étamines et le pistil, nous apercevrons, vers l'orifice du tube de la corolle, cinq appendices particuliers (*a*), qui ne rentrent dans aucun des organes précédents, et qu'on nomme *nectaires*. Ces appendices se rencontrent, à la vérité, dans beaucoup de fleurs et sous des formes très-variées, mais leur présence est loin d'être générale, et ce sont des parties purement *accessoires*.

Une fleur *complète* sera donc composée de quatre sortes d'organes : calice, corolle, étamines, pistil; par opposition, lorsqu'elle en aura un ou plusieurs de moins, elle sera *incomplète*.

Ces divers organes ne sont pas toujours aussi tranchés que dans les exemples précédents. Par exemple, dans le nénuphar blanc, nommé communément le *lis des étangs*, le calice, la corolle et les étamines passent l'un dans l'autre par des nuances insensibles, de sorte qu'on doit les regarder comme des modifications d'un même organe.

Les bractées, comme nous l'avons vu, ne sont autre chose que des feuilles modifiées, un degré de plus conduit aux divisions du calice, qui, en effet, dans un grand nombre de fleurs, comme la rose, sont tellement semblables aux feuilles, qu'on les décrit depuis fort longtemps sous le nom de *folioles calicinales*.

Le pistil n'offre pas toujours l'apparence d'un corps simple et unique ; très-souvent, au contraire, il se compose de pièces évidemment distinctes. Ainsi, dans la famille des Crassulacées, par exemple dans l'orpin brûlant (*sedum acre*) commun sur les coteaux secs et les vieux murs, la fleur offre un calice à cinq divisions bossues à la base, où elles se réunissent ; une corolle à cinq pétales plus longs et très-aigus, naissant sur un rang un peu intérieur, dans les intervalles des divisions du calice ; dix étamines placées, cinq devant ces divisions, cinq devant le pétales, et par suite un peu plus intérieures ; enfin, le pistil composé de cinq petites feuilles, dont chacune, pliée sur elle-même, tourne sa convexité en dehors, et en dedans ses deux bords contigus pendant la floraison, mais ensuite écartés. La consistance de ces petites feuilles nommées *carpelles* ou *feuilles carpellaires*, indique clairement la nature foliacée du pistil.

Ainsi, les divisions du calice, les pétales, les étamines, et les carpelles (dont la réunion forme le pistil) sont des feuilles plus ou moins modifiées. En effet, on voit assez souvent certaines fleurs connues sous le nom de *monstruosités*, dont les parties offrent l'apparence et l'organisation des véritables feuilles qui sont leur état normal. On a observé, par exemple, une fleur de capucine dont le calice, la corolle, les étamines et le pistil avaient tous la forme de feuilles placées dans la position naturelle des organes transformés.

Les diverses parties de la fleur sont insérées sur le réceptacle ou *torus*, qui forme le sommet plus ou moins dilaté ou allongé du pédoncule, et qui peut être plane, concave, convexe, conique, cylindrique, etc. Dans le plus grand nombre des cas, les carpelles naissent à la même hauteur ou à fort peu près, et les étamines, les pétales, les divisions du calice forment à l'entour autant de cercles concentriques. On a donc regardé les folioles de même nature comme disposées par *verticilles*. Ainsi, une fleur complète comprendra quatre verticilles, savoir : ceux du calice, des pétales, des étamines, des carpelles, et une fleur incomplète en comprendra moins de quatre. Nous avons vu dans l'article des feuilles verticillées (*p.* 52) que celles d'un verticille sont situées dans les intervalles du verticille voisin, de manière qu'elles sont alternes d'un verticille au suivant, et opposées de deux en deux verticilles. Or, la même disposition a lieu dans les verticilles floraux.

Si l'on considère l'immense quantité d'espèces de plantes qui couvrent la surface du globe, on ne doit pas s'étonner que le nombre des parties de chaque verticille soit variable. Mais il l'est beaucoup moins qu'on pourrait le présumer au premier abord, et en général ce nombre est cinq pour les dicotylédonées, trois pour les monocotylédonées. La fleur de l'orpin brûlant, décrite ci-dessus, ou celle d'une Crassulacée quelconque, peut servir de type pour la première classe, et celle du lis blanc ou d'une Liliacée pour la seconde classe. Le vrai type des dicotylédonées est plutôt la fleur de l'orpin rougeâtre (*Sedum rubens*), qui a seulement cinq étamines, et offre ainsi quatre verticilles, formés, un par les divisions du calice, un par les pétales, un par les étamines, un par les carpelles; mais la fleur de l'orpin brûlant se ramène à ce type primitif en considérant chaque pétale comme doublé par l'étamine qui lui est opposée; et, en effet, l'on aurait autrement deux verticilles consécutifs, opposés pièce à pièce, ce qui est contre la loi générale de la disposition des feuilles. Le second type offre cinq verticilles ternaires formés, deux par les six divisions de l'enveloppe florale qui sont sur deux rangs, comme on sait; deux par les étamines, et un par les carpelles soudés en un seul corps.

On voit que les parties d'un même verticille peuvent être plus ou moins soudées entre elles. Lorsque les folioles du calice ou les pétales sont ainsi plus ou moins réunis par les bords, on dit (improprement) que le calice est *monophylle*, et la corolle *monopétale*. Si, au contraire, ces parties sont tout à fait libres et distinctes jusqu'à la base, le calice est dit *poly-phylle*, et la corolle *polypétale*. Dans le cas où la réunion des parties est complète, comme on le voit pour les folioles cali-cinales, dans le calice tubuleux de l'œillet, et pour les pétales dans la corolle en entonnoir du liseron, c'est seulement par analogie qu'on peut reconnaître leur nature foliacée. Il est facile de concevoir que les parties d'un même verticille doi-vent se souder d'autant plus souvent qu'elles sont plus rap-prochées entre elles, ou insérées sur une surface plus étroite.

C'est pourquoi les carpelles, toujours situés au centre de la fleur, et en général plus épais que les parties des autres verticilles, se trouvent soudés bien plus fréquemment, et même de manière à présenter, dans un grand nombre de cas, l'apparence d'un seul corps.

La même cause peut également produire la réunion plus ou moins complète des parties de deux verticilles différents ; et alors il arrive presque toujours que les parties de chacun des verticilles soudés se réunissent également entre elles. Souvent, sur la partie du réceptacle où deux verticilles sont réunis, on observe un tissu glanduleux particulier plus ou moins relevé, qu'on appelle *disque*. Quelquefois le disque remplit tout l'intervalle des deux verticilles, et alors c'est sur lui qu'a lieu la soudure des pièces correspondantes.

De là résultent des différences apparentes dans l'insertion des diverses parties de la fleur. Celles qu'offrent les étamines, par rapport au pistil, ont surtout une grande importance pour les classifications. D'abord, les étamines peuvent être soudées avec la corolle ; on dit alors qu'elles sont *épipétales*, et leur insertion est évidemment la même que celle de la corolle. Maintenant, lorsque les étamines, soudées ou non avec la corolle, sont indépendantes des deux autres verticilles, elles s'insèrent sur le réceptacle, et par conséquent au-dessous du pistil : on dit alors qu'elles sont *hypogynes*. Quand elles s'insèrent sur le calice, elles sont plus ou moins élevées par rapport à la base du pistil, et semblent avoir, par rapport à lui, une position latérale ; on les nomme alors *périgynes*. Enfin, si elles sont insérées sur l'ovaire même, on les dit *épigynes*. Dans ce dernier cas, les quatre verticilles sont ordinairement soudés à la base, de sorte que les étamines semblent aussi bien être insérées sur le calice. C'est pourquoi Decandolle a établi ses *caliciflores* sur les plantes dont les fleurs ont les étamines soit épigynes, soit périgynes ; ses *corolliflores* sur les plantes à étamines épipétales, et ses *thalamiflores* sur les plantes à étamines hypogynes, où tous les verticilles sont immédiatement insérés sur le réceptacle (autrefois *thalamus*). Toutes les fois qu'il y a un disque, sa position, par rapport au pistil, détermine l'insertion des étamines.

Nous avons vu que la fleur type des dicotylédonées offre quatre verticilles quinaires, et celle des monocotylédonées, cinq verticilles ternaires. Mais, par suite de l'immense quantité des espèces connues, il se présente une foule d'exceptions, soit dans le nombre des parties d'un même verticille, soit dans le nombre des verticilles eux-mêmes. Nous n'entrerons pas dans le détail de ces exceptions, qui excèderait les bornes de notre précis. Nous signalerons toutefois la multiplication qui survient dans les parties de la fleur par le développement d'une petite écaille située à la base interne de chaque pétale, dans les fleurs de renoncules, et à la base externe de chaque carpelle dans les Crassulacées. Ce mode de multiplication, qu'on nomme *par dédoublement*, se rencontre dans les faisceaux d'étamines qu'offrent la plupart des millepertuis, et dont chacun tient la place d'une seule étamine. C'est encore par un dédoublement analogue que, dans la fleur des orpins à dix étamines, chaque pétale offre devant lui une étamine. Ce devrait être un second pétale; mais la transition de l'un à l'autre organe est facile, comme nous l'apprend la fleur du nénuphar blanc, où l'on peut suivre tous les états intermédiaires.

Quelquefois, au contraire, un verticille tout entier se supprime. Lorsque la suppression porte sur l'un des deux extérieurs, c'est toujours la corolle qui disparaît, et alors la fleur est dite *apétale*. Quand les deux verticilles extérieurs manquent à la fois, on dit que la fleur est *nue*, c'est-à-dire privée d'enveloppes florales. Enfin, certaines fleurs manquent d'étamines, et d'autres de pistil. Comme c'est ce dernier organe qui, fécondé par les étamines, finit par devenir le fruit où sont renfermées les graines, on désigne ordinairement les pistils par le nom d'organes *femelles*, les étamines par celui d'organes *mâles*, et tous deux conjointement sont les *organes de la fécondation*.

D'après cela, on dit que la fleur est

Hermaphrodite, lorsqu'elle contient des étamines et des pistils.

Mâle, si elle a des étamines sans pistils.

Femelle, si elle a des pistils sans étamines.

Si maintenant on considère ces trois sortes de fleurs par rapport à la plante qui les porte, on dit que les fleurs sont

Polygames, lorsqu'elles se trouvent réunies hermaphrodites, mâles et femelles sur un même pied.

Monoïques, lorsqu'elles se trouvent réunies mâles et femelles sur un même pied, sans mélange de fleurs hermaphrodites.

Dioïques, lorsqu'elles sont toutes mâles sur un pied, et femelles sur un autre.

Enfin, les fleurs dépourvues d'étamines et de pistils sont
dites *neutres*.

Outre les augmentations et les réductions que les fleurs
peuvent subir, soit dans les parties d'un même verticille, soit
dans les verticilles eux-mêmes, ou dans les deux modes à la
fois, elles sont encore sujettes à des modifications ou transformations de leurs diverses parties.

La métamorphose des étamines et des pistils en pétales est
même le but qu'on se propose dans la culture d'un grand nombre de plantes, surtout de celles dont les fleurs ont une
corolle polypétale et des étamines nombreuses, comme la rose
sauvage, la renoncule des prés, etc.

On nomme respectivement fleurs *semi-doubles*, *doubles* et
pleines, celles dont une partie des étamines, leur totalité, ou
les étamines et les pistils à la fois, se sont changés en pétales.

Il existe un grand nombre de fleurs *irrégulières*. C'est le
nom qu'on donne à celles dont le calice ou la corolle manquent de régularité, comme les Papilionacées, les Labiées,
les Scabieuses, etc. Cette irrégularité provient de ce que les
parties d'un même verticille sont placées dans des conditions
différentes, soit par rapport entre elles, soit par rapport aux
autres parties de la feuille. Les principales causes de cette diversité de conditions sont le manque d'espace, l'obliquité du
réceptacle, dont alors le plan n'est pas bien perpendiculaire
à la portion supérieure du pédicelle, l'inégalité de hauteur
des parties semblables qui, dans ce cas, ne forment pas un
verticille parfait, etc. Au reste, une fleur irrégulière est le
plus souvent *symétrique*, c'est-à-dire telle qu'il est toujours
possible de la partager en deux moitiés exactement pareilles
par un seul plan, mené en général parallèlement à l'axe de la
fleur.

On nomme *préfloraison* le premier état d'une fleur encore

renfermée dans le bouton. Ses parties s'y trouvent diversement pliées ou enroulées, de manière à n'occuper que le moins de place possible, comme les feuilles dans leur bourgeon, et l'on désigne leurs différentes dispositions par les mêmes termes indiqués plus haut pour les feuilles dans les cas semblables. La préfloraison fournit de bons caractères pour les classifications; toutefois, on se borne dans cette étude aux parties les plus extérieures, savoir : celles du calice et de la corolle qui s'étendent en lames plus larges que les étamines et les carpelles, et dont, par conséquent, la situation et la disposition sont bien plus faciles à constater. La corolle, en particulier, est *plissée* dans le liseron, *chiffonnée* dans le pavot, *imbriquée* dans la rose, *tordue en spirale* dans les apocynées.

Les étamines et le pistil sont, comme nous l'avons dit, les organes essentiels de la fleur ; leur concours est indispensable pour fournir les graines qui contiennent l'embryon destiné à reproduire les plantes. Le calice et la corolle sont des parties accessoires qui servent d'enveloppe ou d'abri à ces organes, et le plus souvent elles se flétrissent peu après la fécondation. On les nomme conjointement *enveloppes florales*.

Nous examinerons successivement le calice, la corolle, les étamines, le pistil et le fruit qui en résulte, et nous terminerons par les nectaires.

DU CALICE.

Nous avons vu que le calice est l'enveloppe extérieure de la fleur. Il se compose de plusieurs pièces tout à fait analogues aux véritables feuilles, ordinairement vertes comme elles, et par suite nommées folioles calicinales. Aujourd'hui, on paraît avoir généralement adopté le nom de *sépales*, proposé par Decandolle, et que j'ai employé dans les descriptions, auxquelles il donne beaucoup de concision et de clarté. D'après cela, le calice est dit

Polysépale (autrefois *polyphylle*), lorsque les sépales sont distincts ou à peu près, c'est-à-dire libres ou un peu soudés à la base.

Monosépale (autrefois *monophylle*), lorsque les sépales sont soudés les uns aux autres par leurs bords, soit dans toute leur longueur, soit dans une portion plus ou moins grande. C'est pourquoi Decandolle avait proposé de dire alors le calice *gamosépale*, car monosépale signifie un seul sépale, d'après son étymologie. Je n'ai employé dans les descriptions aucun de ces mots composés.

Lorsque la réunion des sépales n'a lieu qu'à la base, celle-ci se nomme le fond du calice ; quand la réunion a lieu jusqu'à une certaine hauteur, la portion soudée prend le nom de *tube*. Dans tous les cas, la portion libre des sépales forme le *limbe* du calice.

Relativement à sa forme, le calice monosépale est dit *tubuleux* ou *en tube*, *en cloche*, *en godet*, *en toupie*, *renflé*, *ventru*, *cylindrique*, *anguleux*, *sillonné*, etc. ; ces mots n'ont pas besoin d'être définis. On le dit encore *labié*, lorsqu'il forme deux lèvres inégales et entr'ouvertes (la sauge, l'épiaire annuelle, *pl. 4, fig.* 5) ; *éperonné*, lorsqu'un ou plusieurs sépales se prolongent, au-dessous de leur point d'insertion, en sac ou en éperon creux (la capucine, l'ancolie).

Enfin, le calice est dit *aigretté*, lorsqu'il se termine au sommet par une ou plusieurs touffes de soies ou de poils, qu'on nomme *aigrette*. Dans la valériane, l'aigrette a la forme d'un long poil tout couvert de duvet. Dans les Composées, l'aigrette est formée d'un grand nombre de rayons, et alors on dit respectivement que l'aigrette est *simple*, *dentelée* ou *plumeuse*, suivant que chaque rayon est un long poil lisse (le pissenlit), ou hérissé de petites aspérités (les chardons), ou couvert de petits poils très-visibles (les cirses).

Relativement à son limbe, le calice est dit

Entier ou *tronqué*, lorsque le bord n'offre aucune division sensible.

Denté, lorsque le limbe est découpé en dents plus ou moins aiguës qui n'atteignent pas le quart de la longueur du calice, c'est-à-dire lorsque les sépales sont soudés au delà des trois quarts de leur hauteur. Si les dents sont obtuses ou arrondies, le calice est dit *crénelé*.

Divisé, quand les découpures atteignent à peu près le milieu de la longueur du calice, et alors on le dit *bifide*, *trifide*, *qua-*

7

drifide, *multifide*, selon qu'il y a 2, 3, 4, ou un plus grand nombre de découpures.

Lobé, lorsque, dans le cas précédent, les sépales sont plus ou moins élargis.

Partagé, lorsque les découpures atteignent ou dépassent les trois quarts de la longueur, les sépales restant alors distincts jusque près de leur base. Dans ce cas, le calice est dit à 2, 3... parties ou *segments*, ou bien encore *biparti*, *triparti*, etc.

Au reste, c'est seulement par analogie qu'on emploie pour le calice, considéré comme l'ensemble de plusieurs feuilles, les termes dont on se sert, comme nous l'avons vu, pour exprimer les modifications d'une feuille unique.

Relativement à la direction des parties, le calice est dit *fermé*, *dressé* ou *connivent*, selon que les sépales sont fermés, dressés ou rapprochés au sommet (le chou); par opposition, on le dit *lâche*, *ouvert*, *demi-étalé*, *étalé* (la moutarde). On le dit encore *réfléchi*, lorsque les sépales sont renversés en arrière et appliqués sur le pédoncule (la renoncule bulbeuse).

Relativement à l'absence ou à la présence des poils sur la surface du calice, on emploie les mêmes termes que pour les feuilles. Ces poils sont aussi plus fréquents et plus nombreux sur la face extérieure des sépales que sur l'intérieure, et il en est de même des stomates.

Cette observation montre toute l'analogie des sépales avec les feuilles, et l'anatomie vient la confirmer. Elle nous apprend, en effet, que leurs nervures sont également des faisceaux composés de trachées déroulables et de fibres déliées dirigées de bas en haut, et réunies par un parenchyme que recouvre un épiderme. Ces nervures sont d'ailleurs presque toujours simples et parallèles dans les monocotylédonées, plus ou moins rameuses et anastomosées dans les dicotylédonées, absolument comme pour les feuilles de ces deux classes de plantes. Mais, par suite de la petitesse de l'organe, elles sont ici moins distinctes, surtout les latérales. C'est pour cela qu'un calice monosépale n'offre souvent que les nervures médianes des sépales primitifs. Ceux-ci débutent comme les autres organes, par autant de petits mamelons composés de tissu cellulaire, d'ailleurs toujours égaux et distincts dans le principe, lors

même que le calice définitif doit être monosépale et irrégulier.

Le calice est quelquefois muni à sa base externe de petites
bractées plus ou moins nombreuses. Lorsqu'elles sont irrégulièrement situées et d'une consistance d'ailleurs sèche ou coriace,
on dit que le calice est *écailleux* à sa base. D'autrefois, comme
dans les Malvacées, elles sont d'une nature plus foliacée et
réunies en involucre de manière à figurer un second calice ;
mais ici les variations de leur nombre, dans des genres voisins, montrent que ce n'est pas un calice véritable. Dans la famille des Rosacées, au contraire, dont les feuilles sont munies
de deux stipules, le calice est souvent formé de dix parties
disposées sur deux rangs très-rapprochés, savoir : cinq intérieures et cinq extérieures alternes avec les premières. Les cinq
extérieures proviennent sans doute de la réunion (deux à deux)
des stipules accompagnant les feuilles formant les cinq intérieures. Les dix parties ne constituent donc réellement qu'un
seul verticille ; c'est pourquoi nous avions décrit le calice des
potentilles comme composé de dix sépales. D'autres auteurs le
disent à cinq sépales, et muni d'un calicule à cinq divisions ;
d'autres, enfin, le disent à cinq sépales et muni de *bractéoles*,
ou petites bractées, ce qui est inexact.

Quant à sa durée, le calice est dit

Fugace, lorsque les sépales se détachent d'eux-mêmes à
l'époque de la floraison (le pavot).

Caduc, quand ils tombent à la fin de la floraison.

Persistant, lorsqu'ils restent jusqu'à la maturité des graines
(la sauge). Alors il peut continuer à végéter et à croître (l'alkékenge), ou se dessécher sans prendre d'accroissement (le
mouron), et il est dit, selon le cas, *accrescent* ou *marcescent*.

Tout ce qui précède est relatif au calice des fleurs des dicotylédones pourvues ou dépourvues de corolle, mais s'applique
également à l'enveloppe florale des monocotylédonées, laquelle
est un vrai calice composé de six parties sur deux rangs. Autrefois, on les considérait, d'après leur couleur, tantôt comme
un calice, tantôt comme une corolle, ou même moitié l'un,
moitié l'autre, de sorte que dans ces derniers temps on a voulu
éluder la difficulté, sans préjuger la question, en donnant

à l'ensemble des six parties le nom vague de *périgone* ou de
périanthe. Nous n'avons admis aucun de ces termes dans
notre Flore Française, où, pour les divers genres de Liliacées, nous désignons tout simplement par le mot *fleur* l'enveloppe florale, qui en est la partie saillante et brillante.
Dans les Orchidées, à la vérité, nous avons décrit les trois
parties extérieures comme le calice, et les trois intérieures
comme la corolle, ce qui donne plus de précision et de clarté
aux descriptions ; mais c'était surtout pour nous conformer à
nos divers mémoires sur cette famille, où nous avions d'ailleurs suivi l'exemple du célèbre monographe Lindley, et d'un
grand nombre d'auteurs. Aujourd'hui, nous adoptons l'avis
de ceux qui étendent aux fleurs des monocotylédonées la loi
générale qui préside à celles des dicotylédonées, savoir, que
toutes les fois qu'il existe une seule enveloppe florale, c'est un
calice. C'est pourquoi, dans la nouvelle édition de notre Flore
du Dauphiné, l'enveloppe de toutes les fleurs des monocotylédonées se trouve toujours décrite sous le nom de calice, convenablement modifié selon les familles ou les genres. Nous
ferons remarquer ici que l'épithète de *coloré*, ajouté au calice
ou aux organes ordinairement verts, signifie d'une autre couleur que le vert. Au reste, les calices colorés, loin d'être particuliers aux monocotylédonées, se rencontrent encore dans
plusieurs dicotylédonées, comme le grenadier où il est rouge,
l'ancolie où il est tantôt bleu ou violet, tantôt rose ou blanc,
etc. C'est pourquoi l'on dit alors que le calice est *pétaloïde* ou
analogue aux pétales.

Dans un grand nombre de monocotylédonées, comme les
Graminées, les Cypéracées et les Joncées, le calice est petit, sec,
vert ou brun. On dit alors qu'il est *écailleux* ou *glumacé*, c'est-
à-dire analogue aux écailles des bourgeons ou aux bractées
qu'on nomme *glume* dans les épillets des Graminées.

Parmi les fleurs de monocotylédonées, une des plus remarquables est celle des Orchidées. Par exemple, dans l'orchis taché *(pl. 4, fig. 14)*, le calice pétaloïde offre six divisions (c), dont
les trois extérieures sont presque semblables. Parmi les trois
autres, les deux supérieures diffèrent peu des premières, mais
l'inférieure (c d) est plus grande, étalée, et prolongée à la base

en éperon (*e*). Les cinq premières divisions sont redressées en
haut, et la sixième est déjetée en bas, de manière que l'ensemble représente les deux lèvres d'une fleur labiée, la supérieure
étant formée par les cinq premières divisions, et l'inférieure
par la dernière, qui, par suite, a reçu le nom de *labelle*.

DE LA COROLLE.

La corolle n'existe que dans les fleurs munies d'une double
enveloppe. C'est la plus intérieure ou la plus voisine des organes de la fécondation. Elle appartient donc exclusivement aux
fleurs des plantes dicotylédonées. Aussi les feuilles dont elle se
compose, et qu'on nomme *pétales*, comme nous l'avons vu,
ont leurs nervures ramifiées et anastomosées. Le pétale est
ordinairement plus ou moins élargi dans sa partie supérieure,
d'ailleurs très-variable, qu'on nomme *lame* ou *limbe*, et rétréci dans sa partie inférieure, qu'on nomme *onglet*, quand
elle offre une certaine longueur. La lame et l'onglet du pétale
sont analogues au limbe et au pétiole d'une feuille ordinaire.
Les faisceaux fibro-vasculaires parcourent de même l'onglet
dans toute sa longueur en restant réunis, et se séparent ensuite pour former la lame par leur épanouissement. Ils sont
également composés de trachées et de cellules allongées. Le
parenchyme qui remplit les intervalles des nervures est habituellement d'une consistance mince et délicate, et par conséquent formé d'un très-petit nombre de couches de cellules,
que recouvre un épiderme offrant seulement sur la face externe
quelques rares stomates.

De même que les folioles du calice, les pétales apparaissent
à leur début comme de petits mamelons cellulaires ; ceux-ci
s'étalent peu à peu en disque vert (se colorant plus tard), et,
comme dans les vraies feuilles, la partie qui se forme la dernière est la base, puis enfin l'onglet. Dans les corolles qui
doivent être monopétales, les petits mamelons représentant
les pétales naissent tout soudés, se trouvant réunis entre eux
par un prolongement circulaire du réceptacle faisant saillie en
forme de bourrelet.

Les pétales, considérés isolément, peuvent offrir les mêmes

modifications que les sépales ou les feuilles ordinaires, et par des causes analogues. Aussi les désigne-t-on par les mêmes termes. Leur forme, qui est aussi variable, présente tous les intermédiaires entre la figure d'une étroite languette (pétale *linéaire*) et celle d'un cercle entier (pétale *orbiculaire*). Un pétale est dit *sessile* ou *onguiculé*, selon qu'il est dépourvu ou muni d'un onglet. Nous n'avons pas employé ce dernier mot dans les descriptions, et nous avons dit simplement pétales à onglet. Dans ce dernier cas, l'épithète employée pour indiquer la figure du pétale ne s'applique évidemment qu'au limbe.

Voici quelques formes singulières des pétales, que l'on dit *Concaves*, lorsqu'ils présentent une surface courbée tournant sa concavité vers le centre de la fleur (le tilleul).

En nacelle (ou *naviculaires*), lorsque, dans le cas précédent, ils ont la forme d'une nacelle dont la quille est représentée par la nervure moyenne faisant saillie en dehors.

En casque, lorsqu'ils sont voûtés de manière à figurer un casque (l'aconit).

En cornet, en capuchon, lorsqu'ils sont enroulés de manière à présenter la forme de l'objet indiqué (l'hellébore, l'ancolie).

Eperonnés, lorsqu'ils sont munis d'un éperon en dehors ou à leur base (la violette).

En cœur renversé, lorsqu'ils vont en s'élargissant par degrés depuis la base aiguë jusqu'au sommet échancré ou à deux lobes (la potentille).

Infléchis, lorsqu'ils sont courbés vers le centre de la fleur, de manière à rapprocher leur sommet de leur base (le cerfeuil). Dans un grand nombre d'Ombellifères, les pétales sont en cœur renversé, dont le sommet se prolonge ainsi en une pointe repliée en dedans.

Irréguliers ou *obliques*, lorsque leur limbe est divisé en deux parties inégales par la nervure moyenne, dont les faisceaux se sont alors inégalement partagés entre la portion de droite et la portion de gauche. Une corolle peut être *régulière* quoique composée de pétales irréguliers (les Malvacées).

Toute corolle, soit monopétale, soit polypétale, est dite *régulière* ou *irrégulière*, selon que ses divisions ou pétales sont ou ne sont pas disposés symétriquement par rapport à l'axe de la fleur. Nous allons passer en revue les principales formes qu'elle peut offrir dans ces différents cas. Mais nous ferons d'abord remarquer que dans toute corolle monopétale on distingue trois parties dont la proportion relative fournit souvent de bons caractères génériques, savoir: la partie inférieure plus ou moins cylindrique et allongée nommée *tube*, la partie supérieure plus ou moins évasée nommée *limbe*, l'entrée du tube ou la ligne circulaire qui le sépare du limbe, nommée *gorge*.

1° La corolle monopétale régulière peut offrir dans sa forme et dans ses découpures les mêmes modifications que le calice monosépale, et on les exprime par les mêmes termes. Mais souvent elle affecte quelques formes spéciales analogues à celles de certains objets dont alors on lui donne le nom.

Ainsi elle est dite

Tubuleuse ou *en tube*, lorsque le tube très-allongé se continue dans le limbe qui paraît en être le prolongement (la consoude).

En cloche, lorsque le tube s'évase peu à peu depuis sa base jusqu'au limbe (les campanules).

En entonnoir, lorsque le limbe s'écarte du tube en s'évasant peu à peu en cône renversé (le laurier-rose, le tabac, *pl. 4, fig. 11*).

En soucoupe, lorsque le limbe, fortement évasé en forme de soucoupe, termine un tube droit et allongé (l'androsace, le phlox, *pl. 4, fig. 12*).

En roue, lorsque le tube très-court est surmonté par un limbe à peu près plane offrant des divisions très-ouvertes analogues aux rayons d'une roue (la bourrache, *pl. 4, fig. 4*.)

Étoilée ou *en étoile*, lorsque, dans le cas précédent, les divisions du limbe sont très-aiguës (le gaillet).

En grelot, quand le tube renflé vers son milieu est rétréci à la base et au sommet terminé par un limbe presque nul (la bruyère, l'airelle).

2° La corolle monopétale irrégulière est dite

Labiée, quand elle est fendue latéralement, de manière à figurer deux lèvres plus ou moins écartées: l'une, supérieure, le plus souvent due à la réunion de deux pétales, et qui peut être *comprimée, voûtée, en casque, entière, échancrée, à deux dents* ou *à deux lobes,* etc.; l'autre, inférieure, due à la réunion des trois autres pétales, et par suite ordinairement *à trois lobes* (les Labiées, l'épiaire annuelle, *pl. 4, fig. 5*). La lèvre supérieure est quelquefois si courte, qu'elle paraît nulle (la bugle, la germandrée, *pl. 4, fig. 6*).

Personnée, en mufle ou *en masque,* lorsque, dans le cas précédent, les deux lèvres sont rapprochées et fermées par une saillie de la supérieure, qu'on nomme *palais* (le mufle de veau, la linaire, *pl. 4, fig. 7*).

Souvent le limbe de la corolle offre certaines formes irrégulières dites *anomales,* qu'on ne peut rapporter à celle d'aucun objet. On les décrit alors de son mieux.

Le tube peut présenter des modifications analogues à celles du tube calicinal, et on les exprime par les mêmes termes.

Quant à la gorge, elle peut être *fermée* (la linaire), *ouverte* et en outre *dilatée* (les dracocéphales), *ciliée* (plusieurs gentianes), *garnie de poils* (le thim), *couronnée* (la bourrache), et, par opposition, *nue,* lorsqu'elle est dépourvue de poils et d'appendices.

3° La corolle polypétale régulière est dite

Cruciforme ou *en croix,* lorsqu'elle est à quatre pétales disposés en croix. Les plantes, dont la fleur offre une corolle cruciforme et six étamines (quatre plus grandes), constituent la famille des *Crucifères,* l'une des plus naturelles et des plus répandues en France (le radis, *pl. 4, fig. 9*). Le réceptacle des Crucifères porte quatre glandes *(fig. 9 B a, a).* Dans certains genres, deux pétales sont toujours plus grands que les autres (l'ibéride).

Rosacée, lorsqu'elle a plusieurs pétales égaux (le plus souvent cinq), dépourvus d'onglets et disposés en rosace, comme dans la rose sauvage (le rosier, le poirier). La potentille tormentille a quatre pétales en croix, mais on reconnaît aisément à ses étamines nombreuses que ce n'est pas une Crucifère.

Caryophyllée, lorsqu'elle a cinq pétales égaux disposés en rose, mais pourvus d'onglets allongés cachés dans le tube du calice (l'œillet, le siléné, *pl. 4, fig. 10*).

Dans un grand nombre de Caryophyllées, les pétales offrent à la base du limbe, c'est-à-dire à l'entrée du tube, une sorte de repli ou d'appendice saillante (*fig.* citée) qui provient du mode de multiplication dit par dédoublement (*p.* 94). Le dédoublement de chaque pétale a lieu dès la base de l'onglet, mais l'appendice ne devient libre qu'au point où le limbe se sépare de l'onglet. Ces sortes de pétales sont dits *appendiculés* ou bien *couronnés*, parce que leurs appendices forment, par leur réunion dans la corolle entière, une petite couronne. Par opposition, on appelle *nus* ceux des espèces du même genre qui n'ont pas d'appendices.

4.º La corolle polypétale irrégulière offre beaucoup de formes diverses où l'on est obligé de décrire à part les pétales dissemblables. On distingue seulement celle dite *papilionacée* (le pois commun, *pl.* 4, *fig.* 13), qui se compose de cinq pétales, savoir : le supérieur, nommé l'*étendard* (*fig.* 13, *B*), plus grand que les quatre autres qu'il embrasse ; les deux latéraux, nommés les *ailes* (*fig.* 13 *C*), recouvrant eux-mêmes les deux inférieurs ; ceux-ci rapprochés ou même soudés en un seul corps nommé la *carène* (*fig.* 13 *D*).

Ces plantes constituent la famille des Papilionacées, qui, avec les Swartziées et les Mimosées, composent la grande classe des Légumineuses.

5º Nous faisons un article séparé des fleurs dites *Composées* ou *Synanthérées*, formées, comme nous l'avons dit plut haut (*p.* 65), d'un assez grand nombre de petites fleurs réunies dans un involucre commun, et insérées sur un réceptacle formé par l'extrémité plus ou moins dilatée du pédoncule. Ces petites fleurs peuvent être de deux sortes : les unes régulières et tubuleuses, nommées *fleurons*, dont le limbe est également divisé en cinq dents ou lobes (*pl.* 4, *fig.* 15 *B*) ; les autres irrégulières, dites *demi-fleurons* ou *ligules*, dont le limbe, fendu en long jusqu'à une certaine hauteur au-dessus du tube, se déjette d'un seul côté en forme de languette plane terminée par cinq petites dents (*pl.* 4. *fig.* 15 *C*) ; et par suite, ces sortes de fleurs ont reçu le nom de *ligulées*. D'après cela, Tournefort avait séparé les Synanthérées en *flosculeuses*, *demi-flosculeuses* et *radiées*, selon qu'elles se trouvent exclusivement composées de fleurons

(l'artichaut, le cardon), ou demi-fleurons (la chicorée, la
laitue), ou bien composées de fleurons au centre nommé *disque*,
et demi-fleurons à la circonférence (la paquerette, l'aster, *pl.*
4, fig. 15 *A*). Cette distribution fut ultérieurement modifiée par
Vaillant, qui forma les *corymbifères* de toutes les radiées, plus
quelques flosculeuses; les *cinarocéphales* du reste des flosculeuses, et les *chicoracées* de toutes les semi-flosculeuses. Nous
avons suivi cet ordre dans notre Flore du Dauphiné et dans
notre Flore Française; nous le suivons encore aujourd'hui
dans la nouvelle édition de notre premier ouvrage, en ajou-
tant toutefois la subdivision en tribus, à peu près telle qu'on
la trouve dans le prodrome de Decandolle et dans le *genera*
plantarum d'Endlicher.

On partage aujourd'hui les Synanthérées en trois sous-fa-
milles, savoir : les *tubuliflores*, dont toutes les fleurs, ou
seulement celles du disque, sont tubuleuses et régulières,
ce qui comprend les radiées et les flosculeuses de Tournefort,
et par conséquent les corymbifères et les cinarocéphales de
Vaillant; les *liguliflores*, qui ne sont autre chose que les semi-
flosculeuses ou les chicoracées; les *labiotiflores*, dont les corolles se divisent en deux lèvres formées, l'une par un pétale
ou par deux pétales soudés, l'autre par la réunion des quatre
ou trois autres pétales. Cette dernière sous-famille ne comprend
que des plantes récemment découvertes, la plupart américaines,
quelques-unes du cap de Bonne-Espérance et de l'Inde.

Le réceptacle commun, où sont insérées les fleurs des Synanthérées, est souvent garni de paillettes entières ou divisées
en soies. Lorsqu'il est dépourvu de paillettes, on le dit *nu;*
mais alors il peut être *glabre* ou *velu* par suite du prolongement
des bords des alvéoles découpés en *fibrilles*.

La corolle est en général la partie la plus brillante de la
fleur. Le vif éclat de ses couleurs et la suavité de ses parfums
ont inspiré, de tout temps, le goût de ces belles productions
de la nature. Elle sert, comme le calice, à protéger les organes de la reproduction, mais elle a toujours bien moins de
durée. Sous ce rapport, elle est dite *fugace, caduque* ou *mar-
cescente*, dans les mêmes circonstances que le calice. La corolle
monopétale tombe toujours d'une seule pièce. Dans les fleurs

pleines, où, par conséquent, la fécondation ne peut avoir lieu, la corolle a plus de durée.

DES ÉTAMINES.

Les étamines (*pl. 4, fig. 2 B, fig. 3 B*) constituent l'un des deux organes de la fécondation ; elles sont extérieures par rapport à l'autre organe, qu'elles entourent immédiatement. Si on les supprime, la fleur reste stérile. L'étamine se compose de deux parties : 1° l'une ordinairement filiforme et allongée, nommée le *filet;* l'autre épaissie et presque toujours plus courte, nommée l'*anthère*.

1° Le *filet*, ou support de l'anthère, n'est pas la partie essentielle de l'étamine, puisqu'il manque dans un grand nombre de fleurs, auquel cas l'anthère est dite *sessile* (les orchis, *pl. 4, fig. 14 B*). Il en est de même dans le gouet (*pl. 4, fig. 1 B)*, où les anthères *(c)* sont sessiles et agglomérées autour de l'axe ou spadice terminé en massue au sommet (*a*).

Ordinairement le filet a la forme d'un fil (d'où est venu son nom), c'est-à-dire celle d'un cylindre grêle et délié. Mais il peut être *dilaté à la base* (le liseron, *pl. 4, fig. 2 B, a), en massue* ou *dilaté au sommet, plane* ou *aplati* (la pervenche), *dressé, incliné, coudé* ou *genouillé*, etc. Il peut d'ailleurs être *glabre* ou *velu*. Enfin, on le dit *pétaloïde*, lorsqu'il est plane, élargi et coloré, comme dans les étamines extérieures du nénuphar, et *appendiculé*, lorsqu'il offre à sa base des appendices de forme et de consistance diverses, glandes, écailles, etc., comme dans la bourrache.

2° L'*anthère* est la partie essentielle de l'étamine; lorsqu'elle manque ou reste incomplète, auquel cas la fécondation ne peut avoir lieu, on la dit *avortée*, et alors la fleur est stérile, comme celles dont on aurait enlevé les étamines. L'anthère, ordinairement jaune, offre à l'intérieur deux cavités (rarement une ou quatre) nommées *loges*, d'abord fermées et remplies d'une poussière très-fine qui est le *pollen*. Les loges sont ainsi de petits sacs membraneux, dont la forme, qui varie selon les plantes, offre habituellement un ovale plus ou moins allongé. Au reste, l'anthère peut être *linéaire* (la campanule), *oblongue* (le lis), *arrondie* (la mercuriale), *réniforme* (la digitale), *en cœur* (le basilic), *en fer de flèche* (le laurier-rose), *tétragone* (la tulipe), etc. Quant à son sommet, l'anthère peut être *aiguë* (la bourrache), *bifide* au sommet ou à la base (les Graminées), *à deux cornes* (l'arboussier), *appendiculée* (le laurier-rose). Chaque loge présente le plus souvent un sillon longitudinal sur la partie antérieure qui prend le nom de *face ;* et, par suite, on nomme *le dos* la partie opposée, par où l'anthère s'attache au sommet du filet. Les loges peuvent d'ailleurs lui adhérer immédiatement, ou bien être réunies entre elles au moyen d'un corps de longueur très-variable nommé *connectif*, faisant suite au filet, mais d'une autre structure, et alors les loges sont dites, selon le cas, *adnées* au filet ou au connectif, ou encore *libres*, lorsqu'elles ne lui adhèrent que dans une très-petite étendue. L'anthère est *dressée* ou *pendante*, suivant qu'elle est attachée par sa base ou son milieu, ou bien par son sommet au filet ou au connectif. Ce corps intermédiaire est très-développé dans les sauges, où il porte à l'un des bouts une loge bien venue et pleine de pollen, à l'autre bout une loge informe et vide ; alors l'anthère est à 1 loge par avortement. Parvenue à la maturité, l'anthère s'ouvre d'elle-même pour émettre le pollen par un acte nommé *déhiscence*. Dans le plus grand nombre des cas, c'est par une fente longitudinale dont l'emplacement est indiqué par un sillon de la surface ; et, suivant que celle-ci est tournée vers le dedans de la fleur ou en dehors, l'anthère est dite *introrse* ou *extrorse*. D'autrefois elle s'ouvre par un trou ou *pore*, situé, soit au sommet (la pomme de terre), soit à la base (la pyrole), ou encore par une fente diversement placée, latérale, transversale, etc.

Les étamines d'une même fleur, considérées dans leurs rapports respectifs, sont dites *libres* ou *distinctes*, lorsqu'elles ne sont soudées par aucune de leurs parties ; *monadelphes, diadelphes, triadelphes, polyadelphes*, lorsqu'elles sont soudées par les filets, en un, deux, trois ou plusieurs corps ; *syngénèses*, lorsqu'elles sont soudées par les anthères (les Synanthérées) ; *connivantes*, lorsque les anthères sont rapprochées, surtout au sommet, sans être soudées (la pomme de terre, la bourrache, *pl. 4, fig. 4*).

Les étamines sont *indéfinies* ou *définies*, selon que leur nombre dépasse ou ne dépasse pas douze ; elles peuvent, en outre, être égales ou inégales en grandeur. On dit particulièrement qu'elles sont *didynames*, lorsque, étant réduites à quatre par l'avortement plus ou moins complet de la cinquième, deux sont plus longues (les Labiées, *pl.* 4, *fig.* 6) ; *tétradynames*, lorsque, étant au nombre de six, quatre sont plus longues (les Crucifères, *pl.* 4, *fig.* 9 *B*). Elles sont alors disposées par paires qui alternent avec les deux plus courtes étamines isolées.

On dit encore qu'elles sont *saillantes*, lorsqu'elles dépassent la corolle ; *incluses*, lorsqu'elles sont plus courtes et cachées. Elles peuvent d'ailleurs être *dressées*, *divergentes*, *étalées*, *réfléchies*, *pendantes* ou *déjetées*, lorsque toutes s'inclinent d'un même côté (la fraxinelle).

Enfin, les étamines, considérées dans leur insertion apparente, qui peut varier par suite de leur adhérence plus ou moins grande avec les enveloppes extérieures, et surtout avec le pistil, sont dites *hypogynes*, *périgynes* ou *épigynes*, dans les mêmes circonstances que nous l'avons vu plus haut pour la corolle. Cette insertion apparente des étamines, par rapport au pistil, est un des principes fondamentaux de la méthode de Jussieu ; comme leurs rapports avec le pistil, séparé des étamines dans une fleur différente ou rapproché dans la même fleur, leurs rapports entre elles, soit d'adhérence par les filets ou par les anthères, soit de grandeur, et enfin, leur nombre absolu, forment la base du système de Linné.

Si maintenant on soumet à l'analyse les diverses parties de l'étamine à l'état parfait, on trouve le filet composé d'un faisceau central de trachées le parcourant dans toute sa longueur sans se diviser, et allant se terminer dans le connectif. Ce faisceau est entouré d'une couche de cellules qui sont recouvertes par l'épiderme, et diffèrent tant par leur figure que par leur couleur de celles dont le connectif est formé. Les loges de l'anthère adulte sont remplies de pollen. L'épiderme qui les recouvre offre souvent des stomates, et consiste en une couche de cellules. Immédiatement au-dessous, on trouve une ou plusieurs rangées de cellules découpées à jour dites *fibreuses*, et formant une couche de plus en plus mince, selon qu'elle

devient plus voisine de la ligne de déhiscence où elle s'interrompt tout à fait. Les cellules de cette couche sont primitivement
spirales ou réticulées; mais vers l'époque de la déhiscence,
leur membrane externe se détruit, et il ne reste alors autour
du pollen que les bandelettes en spirale ou en réseau dont
elle est d'abord doublée. Or, ce sont précisément ces bandelettes qui favorisent la sortie du pollen contenu dans la loge. En
effet, par suite de leur grande élasticité et de leurs propriétés
hygrométriques, elles s'allongent, se raccourcissent et se
contournent en tout sens, suivant l'état, non-seulement de
l'atmosphère, mais aussi de l'anthère qui se dessèche de plus
en plus à mesure qu'elle s'approche de la maturité; de sorte
que, cédant à l'action de ces forces entrecroisées, la paroi se
fend par la ligne de déhiscence, où elle n'est pas renforcée par
la couche fibreuse. Aussitôt l'émission du pollen commence,
et continue par l'action des mêmes forces jusqu'à ce qu'elle
soit complète.

A son début, l'étamine apparaît, comme tous les organes
foliacés, sous la forme d'un petit mamelon cellulaire d'abord
verdâtre. L'anthère se montre la première, puis le filet, où
plus tard les cellules centrales s'organisent en trachées. La
masse cellulaire de l'anthère, d'abord homogène, ne tarde
pas à offrir quatre lacunes qui proviennent de la destruction
de plusieurs cellules, et doivent ultérieurement constituer
ses deux loges; elles se forment à peu près à égale distance
du centre de la masse et de sa périphérie. Ces lacunes, d'abord
fort étroites, s'élargissent peu à peu, et se remplissent d'un
mucilage qui s'organise bientôt en cellules de deux sortes:
les unes, très-petites, se disposent en une couche continue
sur la surface intérieure de la lacune; les autres, très-grandes
et intérieures, sont les *cellules-mères* du pollen. Celui-ci ne
tarde pas à s'y montrer sous la forme de granules, dont l'ag-
glomération successive finit par constituer quatre noyaux distincts. Le liquide qui les sépare s'épaissit peu à peu de dehors
en dedans, et forme quatre cloisons qui partagent la cellule-
mère en quatre petites loges. Insensiblement, chaque noyau
grossit et se recouvre d'une enveloppe membraneuse. En même
temps, la paroi de la cellule et ses quatre cloisons se dessè-

chent et finissent par disparaître, de sorte que tous les noyaux formés dans les cellules-mères d'une même lacune y deviennent libres, et constituent autant de grains de pollen indépendants les uns des autres.

Les cellules primitives de l'anthère, au milieu desquelles se sont formées les quatre lacunes, se détruisent peu à peu vers l'intérieur, et se réduisent à un très-petit nombre de couches. Celles qui sont au-dessous de l'épiderme se changent rapidement en cellules fibreuses, lors de la maturité des grains de pollen. La portion cellulaire située entre les deux lacunes d'une même loge s'est amincie peu à peu, en forme de cloison aboutissant à la ligne de déhiscence. Elle finit également par disparaître, soit en totalité, soit en laissant une faible trace du côté opposé à cette ligne. Lorsque la déhiscence doit avoir lieu par un pore, la cloison persiste ordinairement, et l'anthère reste à quatre loges comme dans son jeune âge.

Dans les Onagraires et un grand nombre d'Orchidées, les débris des cellules-mères, au lieu de disparaître en entier par résorption, persistent sous la forme d'un réseau visqueux et très-élastique, dont les filaments tiennent les grains de pollen réunis. Souvent tout le pollen d'une même loge est ainsi agglomére en un seul corps nommé *masse de pollen*, et de même forme que l'intérieur de la loge. Cette masse se décompose, en définitive, en groupes formés par la réunion des grains primitivement développés dans chaque cellule.

Un grain de pollen mûr offre, pour chaque espèce de plantes, une forme invariable, qui est tantôt celle d'un ellipsoïde plus ou moins régulier, tantôt celle d'un polyèdre à faces planes ou courbes. D'ailleurs, ils se rétrécit dans l'air sec, et devient, au contraire, plus ou moins globuleux dans un liquide quelconque. Le grain se compose d'une enveloppe membraneuse renfermant un fluide épais nommé *fovilla*. Cette enveloppe est formée de deux membranes superposées (rarement une ou trois). L'externe, qui s'est développée la première, est plus épaisse, assez ferme, tantôt lisse et transparente, tantôt toute couverte de très-petits mamelons ou aiguillons, et alors enduite d'une espèce d'huile colorée donnant au grain sa couleur. Cette membrane est générale-

ment homogène, quand elle doit se rompre au hasard ; mais
le plus souvent elle se rompt en certains lieux déterminés
d'avance, et marqués, soit par des amincissements qui s'avan-
cent vers l'intérieur en forme de plis presque toujours droits,
soit par de petites ouvertures circulaires nommées *pores*, ou
par les deux à la fois. En général, il n'y a qu'un pli ou qu'un
pore dans les monocotylédonées, et trois dans les dicotylédonées. On n'a encore observé que dans celles-ci des plis et des
pores en même temps.

Quant à la membrane interne de l'enveloppe pollinique,
elle est constamment unie, transparente, et surtout très-
extensible. La membrane externe l'est, au contraire, fort peu.
Par conséquent, si l'on met un grain de pollen dans l'humidité, dont il se pénètre rapidement, par l'effet de l'endosmose,
la *fovilla* étant un fluide plus épais que l'eau, la membrane
interne se distendra bien plus que l'externe, qui, se trouvant
d'ailleurs ramollie, cèdera facilement à cette pression intérieure et finira par se rompre. Il est clair que si elle a des plis,
la portion qui les forme se déploiera par le gonflement et
sera repoussée en dehors, où elle fera saillie avant d'éclater.
Dans le cas de la nature, le grain de pollen ne touche que par
une petite portion de sa surface le sommet légèrement humide
du pistil ; alors les membranes sont bien plus longtemps à se
gonfler, s'allongent davantage, et presque toujours d'un seul
côté. L'externe étant rompue, l'interne sort par le passage qui
lui est ouvert sous la forme d'une ampoule d'abord très-
petite, mais s'allongeant peu à peu en forme de tube. La
membrane ne pouvant plus se distendre, le *tube pollinique*
crève, et laisse échapper la *fovilla*, formant un jet plus ou
moins grand.

C'est dans la *fovilla* que réside le pouvoir fécondant du
pollen. Elle se compose d'un fluide épais mélangé d'un grand
nombre de granules, et souvent de gouttelettes d'huile. La
plupart de ces granules sont globuleux et fort petits ; les
autres, beaucoup plus gros, sont tantôt globuleux, tantôt
plus ou moins cylindriques. Ils paraissent doués de mouvements particuliers qui cessent dans les liquides impropres
à la vie. C'est pourquoi plusieurs naturalistes les regardent

comme des animalcules analogues à ceux qu'on nomme *infusoi-res*, et pensent que ce sont les agents essentiels de la féconda-tion. D'autres attribuent ces mouvements à une propriété géné-rale de la matière même inorganique très-divisée, et donnent le pouvoir fécondant au fluide épais où nagent les granules.

On ne sait pas encore positivement si les végétaux acotylé-donés ont, oui ou non, des organes reproducteurs. C'est pourquoi ils ont été nommés *cryptogames* par ceux qui admet-tent l'existence de semblables organes cachés, et *agames* par ceux qui les nient. L'opinion à peu près généralement admise aujourd'hui est qu'ils en possèdent, et l'on prend pour l'or-gane mâle un petit sac qui affecte, selon les plantes, une forme et une position différentes. Par suite de son assimilation à l'anthère des végétaux *phanérogames*, c'est-à-dire à organes reproducteurs distincts, ce petit sac a reçu le nom d'*anthé-ridie*. Il est très-facile à observer dans les Mousses et les Hé-patiques, où il offre la forme allongée d'un fuseau. Il con-siste en une membrane très-mince composée d'un seul rang de cellules, et contenant une matière celluleuse demi-fluide. Si l'on place un petit sac dans l'eau, on voit (au microscope) les cellules s'amasser à l'extrémité qu'elles percent, et se séparer dans le liquide où leur paroi se dissout. Aussitôt alors on remarque les mouvements très-rapides d'un petit corps primitivement renfermé dans la cellule, et dont les extrémités sont, l'une renflée en tête, l'autre effilée en queue plus ou moins allongée. Plusieurs observateurs regardent ces corps comme de vrais animaux.

DU PISTIL.

Le pistil *(pl. 4, fig. 2 C, fig. 3 C)* est celui des deux organes de la fécondation qui occupe le centre de la fleur. Il offre trois parties distinctes: l'*ovaire* (a), le *style* (b), le *stigmate* (c). Nous avons dit (p. 91) que le pistil se compose de *carpelles* souvent plus ou moins soudés en un seul corps (le liseron, le lys), d'autrefois libres (l'orpin, l'ancolie), en général au nombre de cinq dans les dicotylédonées, et de trois dans les monocotylédonées. Prenons donc un des carpelles de l'orpin ou de l'ancolie: ce carpelle représente une feuille pliée en

8

long sur elle-même, tournant en dehors sa nervure médiane, et en dedans ses deux bords soudés. Si on le fend en long par la nervure médiane, on trouve une cavité contenant de petits corps ovoïdes attachés à la ligne de soudure des deux bords. La partie creuse à l'intérieur est précisément ce qu'on appelle *ovaire ;* la cavité se nomme *loge*, et les petits corps *ovules*. Ceux-ci sont destinés à devenir des *graines* par la fécondation. L'ovaire se prolonge supérieurement en une partie amincie, qui est le *style*, et se termine par un petit renflement plus ou moins visqueux nommé *stigmate*. Le stigmate est quelquefois difficile à distinguer du style, quant à la forme, mais il offre toujours un tissu différent. Quelquefois il semble reposer immédiatement sur l'ovaire par le manque de style, et alors on dit qu'il est *sessile*.

Ovaire. — L'ovaire se compose rarement d'un seul carpelle (l'amandier, le cerisier), ordinairement de plusieurs, quelquefois distincts, plus souvent soudés. Presque toujours la soudure s'opère de bas en haut, c'est-à-dire que les ovaires se réunissent plus généralement que les styles, et ceux-ci plus que les stigmates. Lorsque les ovaires sont complétement réunis en un seul corps, c'est ce corps unique qu'on nomme ovaire, et alors on le dit *simple*, comme dans le cas où la fleur ne renferme qu'un seul carpelle. Lorsqu'elle en contient évidemment plusieurs, on dit, par opposition, que l'ovaire est *multiple*. Ces anciens termes ont été conservés, quoiqu'ils aient perdu de leur exactitude, par suite des progrès de la science. Lorsqu'un ovaire provient de la réunion de plusieurs, si on le coupe transversalement, on le trouve partagé en autant de cavités qu'il y a de carpelles, dont elles sont les loges. C'est pourquoi on leur donne le même nom, et l'ovaire est dit, selon le cas, à une, deux, trois, etc., loges. Ces loges sont séparées deux à deux par une partie pleine nommée *cloison*, parallèle à l'axe de l'ovaire, et formée par la réunion plus ou moins intime des faces latérales des deux carpelles correspondants. Il y a donc autant de cloisons que de loges; et lorsque les styles sont restés libres, ils offrent aussi le même nombre. Il arrive quelquefois que les cloisons se détruisent et disparaissent en partie ou en totalité, ou même qu'elles n'atteignent pas l'axe de l'ovaire, auquel cas on les dit *incomplètes.*

Chaque loge peut contenir un nombre d'ovules plus ou moins considérable. Leur distribution donne en général d'excellents caractères pour la distinction des familles. La portion de la paroi où sont attachés les ovules contenus dans une loge offre une saillie plus ou moins prononcée nommée *placenta;* souvent aussi on emploie le même mot pour désigner la saillie particulière où s'attache un seul ovule. En général, les placentas suivent les bords de la feuille carpellaire, et alors il se présente l'un des trois cas suivants : 1° la feuille se replie complétement pour former, par ses bords réunis, un angle dièdre, dont l'arête est dans l'axe de la fleur; dans l'ovaire à plusieurs loges, cet angle résulte de la rencontre de deux cloisons voisines, qui sont ainsi complètes, et quelquefois même se replient de nouveau en dedans de la loge; 2° les cloisons, après s'être formées, comme dans le cas précédent, ne tardent pas à se détruire dans la portion intermédiaire entre l'axe de l'ovaire et ses parois; alors les ovules sont attachés à un corps central isolé; 3° la feuille carpellaire se replie incomplétement ou pas du tout, de sorte que ses bords ne parviennent pas jusqu'à l'axe, ou ne pénètrent pas dans l'ovaire : alors les cloisons restent incomplètes ou sont nulles. Par suite, on dit que la ligne des placentas est *axile* dans le premier cas, *pariétale* dans le second, et *centrale* dans le troisième.

L'ovaire peut être indépendant du calice ou soudé avec lui, soit en totalité, soit dans sa partie inférieure; et, selon le cas, on dit qu'il est *libre, adhérent, semi-adhérent.* Les mêmes termes s'emploient pour le calice, relativement à l'ovaire. Ce rapport des deux organes fournit de très-bons caractères pour le classement des genres en familles *naturelles,* c'est-à-dire dont la physionomie est nettement prononcée. Linné appelait ovaire *supère* celui qui est libre, et *infère* celui qui est adhérent. Ces termes commencent à être hors d'usage.

Lorsqu'on ne voit au fond d'une fleur qu'un style et qu'un stigmate, on doit regarder s'il n'y a pas au-dessous un renflement particulier distinct du sommet du pédoncule. Si ce renflement coupé en travers offre une ou plusieurs cavités contenant des ovules, on est certain qu'il renferme un ovaire adhérent (le groseiller, l'iris). La rose offre bien un renflement très-prononcé, mais comme il contient une cavité ouverte en haut et garnie de carpelles distincts, il est clair que la rose a plusieurs ovaires libres. Un grand nombre d'autres Rosacées sont dans le même cas. Dans les Saxifragées, l'ovaire est tantôt soudé avec le calice par le tiers, la moitié ou les deux tiers inférieurs.

Ordinairement l'ovaire est *sessile*, c'est-à-dire repose immédiatement par sa base au fond de la fleur. Dans le gouet (*pl.* 4, *fig.* 1 *B*), les ovaires (*d*) sont sessiles et agglomérés en anneau autour du spadice.

Quelquefois l'ovaire est exhaussé au-dessus du fond de la fleur par un prolongement du réceptacle, auquel on donne le nom de *gynophore*. La fraise est un gynophore très-développé, parsemé de petits grains brillants qui sont autant de pistils. Le gynophore présente des apparences très-diverses, suivant les plantes.

Dans le plus grand nombre des cas, le style continue le sommet de l'ovaire; mais il peut offrir tous les degrés intermédiaires entre cette position et celle où il prend son origine à la base, comme dans le fraisier et un grand nombre de Rosacées. Dans ce cas, si l'ovaire est un peu enfoncé dans le réceptacle, le style semble naître de ce dernier plutôt que de l'ovaire dit alors gynobasique. Les styles de plusieurs ovaires gynobasiques sont ordinairement soudés en une colonne centrale entourée par les ovaires (les Labiées, plusieurs Borraginées).

Style. — Le *style* a très-souvent la forme d'un stylet, d'où est venu son nom, c'est-à-dire d'une petite colonne plus ou moins allongée, tantôt cylindrique, tantôt peu à peu amincie de bas en haut, rarement de haut en bas. Le style peut être *simple, bifide, trifide*, etc. Quand l'ovaire est formé de plusieurs carpelles soudés en un seul corps, les styles peuvent être distincts ou réunis à la base, et, en outre, simples ou divisés. Quelquefois le style affecte certaines formes remarquables, comme dans l'iris, où il ressemble exactement à un pétale, auquel cas on le dit *pétaloïde*.

Quant à sa direction, relativement à l'ovaire, il peut être *vertical, ascendant, déjeté*, etc.

Enfin, quant à sa surface, il peut être *glabre, pubescent* ou *velu*. Quelquefois il offre des poils particuliers nommés *collecteurs*, parce qu'on les suppose destinés à recueillir le pollen (les Synanthérées).

Stigmate. — Le *stigmate* est la partie plus ou moins visqueuse, souvent renflée, placée au sommet de l'ovaire ou du style. Il offre des formes très-diverses qu'on désigne par les termes employés précédemment. Il y a toujours autant de stigmates que de styles distincts ou de divisions sensibles dans le style. Ordinairement, les divisions du stigmate indiquent que le pistil dont il s'agit provient de la réunion du même nombre de carpelles. Quelquefois ces stigmates sont également soudés en un seul corps, tantôt uni, tantôt marqué par des sillons rayonnant du centre à la circonférence, et en même nombre que les stigmates primitifs. Dans beaucoup de Graminées, le stigmate est filiforme et offre de chaque côté une rangée de poils disposés comme les barbes d'une plume ; on dit alors qu'il est *plumeux*.

Anatomie du pistil. Fécondation. — Si maintenant on étudie le pistil sous le point de vue anatomique, on trouve qu'un carpelle offre une structure analogue à celle d'une feuille ordinaire, c'est-à-dire un tissu cellulaire, souvent charnu, parcouru par des faisceaux fibro-vasculaires et recouvert d'un double épiderme : l'un, extérieur, parsemé de stomates comme celui du dessous de la feuille auquel il correspond ; l'autre, intérieur, toujours blanchâtre et dépourvu de stomates, formant la paroi interne de la loge de l'ovaire.

Le style est formé par l'enroulement du sommet de la feuille carpellaire. Les faisceaux de l'ovaire y montent directement, et occupent tout son pourtour avec du parenchyme. Au centre se trouve un étroit canal communiquant du stigmate à la paroi interne de l'ovaire. Celle du canal offre presque toujours des cellules saillantes transversales ; et, en outre, à l'époque de la fécondation, des filaments celluleux longitudinaux qui obstruent plus ou moins l'intérieur, et se prolongent dans la cavité de l'ovaire jusqu'auprès des ovules. C'est ce qu'on nomme le *tissu conducteur*. La substance toujours humide et plus ou moins visqueuse de ce tissu forme par son épanouissement celui du stigmate, de manière qu'on passe insensiblement de l'un à l'autre sans trouver aucune ligne de séparation. À la vérité, le stigmate est quelquefois ferme et presque lisse, mais il ne faut pas perdre de vue que nous parlons ici de l'époque de la fécondation, et alors sa surface extérieure est constamment humide et visqueuse.

Lors donc que le pollen, lancé par l'anthère ou transporté par le vent, vient à toucher cette surface, il s'y arrête et se gonfle graduellement par l'effet de l'endosmose. Sa membrane interne finit par rompre l'externe dans un des points qui touchent le stigmate, et se fait jour à travers en formant le tube pollinique. Ce tube, s'allongeant de plus en plus, pénètre dans les intervalles des lâches cellules du stigmate, traverse son épaisseur, et arrive au milieu du tissu conducteur, qu'il parcourt dans toute son étendue, longeant d'abord la partie qui obstrue le canal du style, puis celle qui, dans l'ovaire, aboutit aux orifices alors béants des ovules, où, enfin, le tube s'engage. C'est par suite de ce prodigieux allongement du tube pollinique que le pollen, partie essentielle de l'étamine, se met en contact avec l'intérieur de l'ovule, partie essentielle du pistil. De là résulte la fécondation ; et l'ovule, ainsi fécondé, prend le nom de *graine*.

Lorsque les étamines et les pistils sont réunis dans une même fleur, on conçoit aisément que le pollen lancé par l'anthère tombe sur le stigmate. Dans les plantes où les organes de la fécondation sont séparés, soit sur un même pied, soit sur des pieds différents, le pollen est transporté par les vents, qui peuvent les faire parvenir à des distances considérables. Ainsi, par exemple, le jardin des plantes de Paris possédait deux pieds de pistachier n'ayant que des fleurs à pistil, de sorte qu'ils fleurissaient chaque année sans porter de fruits. Cependant, ils en portèrent dans l'année où un pistachier du Luxembourg, n'ayant que des étamines, fleurit pour la première fois. Le pollen avait donc été transporté par le vent du Luxembourg au jardin des plantes.

On voyait depuis longtemps, à Saint-Valéry, un magnifique

pommier se couvrir chaque année de fleurs toujours stériles. Un médecin reconnut que ces fleurs ne renfermaient que des pistils; et, d'après son conseil, on prit sur d'autres pommiers des fleurs complètes qu'on noua près des fleurs à pistils. Dès lors, le pommier fut très-fertile.

Les fleurs submergées s'élèvent en général au-dessus de l'eau pendant la fécondation. Le *Vallisneria spiralis*, plante dioïque, croissant au fond de l'eau dans le canal du Languedoc, offre alors un phénomène très-remarquable. La fleur à pistil, enveloppée d'une spathe, est portée sur un long pédoncule roulé en spirale; les fleurs à étamines naissent plusieurs ensemble dans une spathe portée sur un pédoncule très-court. A l'époque de la fécondation, le pédoncule de la fleur à pistil déroule sa spirale jusqu'à ce que la fleur flotte à la surface de l'eau; alors, les fleurs à étamines font effort contre la spathe, la déchirent, se détachent de la plante, et s'élèvent de même à la surface de l'eau, où elles s'épanouissent et fécondent la fleur à pistil. Alors celle-ci resserre sa spirale et redescend au fond de l'eau, où le fruit mûrit parfaitement.

Placenta. Ovule. — Nous avons vu que le *placenta* où s'attache l'ovule forme une saillie plus ou moins sensible sur la paroi interne de la loge. Cette saillie provient de l'union du tissu conducteur, prolongé de haut en bas jusqu'à l'ovaire, avec les faisceaux fibro-vasculaires venant de bas en haut, et distribués dans l'ovaire, de telle sorte qu'un rameau particulier rattache chaque ovule à l'ensemble du végétal. Le premier tissu dirige jusqu'à l'ovule le principe fécondant qui le rend graine; l'autre tissu, qui se compose d'un faisceau de trachées, entouré de cellules allongées, lui amène, de la base de l'ovaire, les sucs nutritifs indispensables à son développement ultérieur.

L'ovule peut s'attacher au placenta, soit immédiatement, auquel cas on le dit sessile; soit au moyen d'un prolongement particulier du placenta, nommé *funicule*, parce qu'il est ordinairement fort étroit et semblable à un petit cordon. Le point où le funicule se relie à l'ovule se nomme *hile* ou *ombilic*.

L'ovule, à son début, paraît sur le placenta, comme un petit mamelon cellulaire nommé *nucelle;* un peu plus tard, on remarque autour de la base du nucelle un bourrelet circulaire qui le suit d'abord progressivement à mesure qu'il se développe, mais finit par le dépasser et l'envelopper comme un sac. Avant cette époque, il se forme presque toujours un second bourrelet qui entoure le premier, et de même, le suit d'abord graduellement, mais finit aussi par le dépasser et le recouvrir presque en entier. Lorsque ces deux enveloppes ou *téguments* du nucelle sont parvenues à hauteur de son sommet, leur ouverture se resserre; et de là résulte un petit canal formé de deux anneaux superposés. Ce canal, ordinairement cylindrique, quelquefois évasé, correspond toujours à la pointe du nucelle, et se nomme *micropyle*.

Le funicule, partant du placenta, traverse les deux téguments du nucelle et vient s'épanouir à sa base dans un tissu cellulaire assez dense et coloré, formant une aréole nommée *chalaze*.

Lorsque le nucelle est parvenu à une certaine époque de son développement, il se creuse, vers son centre, d'une cavité qui s'étend bientôt dans toute sa longueur, et se tapisse d'une membrane nommée le *sac embryonnaire*.

L'ovule complet, tel qu'il existe dans le plus grand nombre des plantes, offre donc un nucelle renfermant le sac embryonnaire, et enveloppé par deux téguments emboîtés qui lui adhèrent seulement à la base, et présentent un petit orifice au sommet. Dans le cas où il est incomplet, il peut l'être par le manque du tégument externe (le noyer), ou des deux à la fois (le gui).

Relativement à sa situation dans la loge, l'ovule est dit *dressé*, lorsqu'il s'élève à peu près verticalement d'un placenta occupant la base de sa loge; *renversé*, lorsqu'il pend du sommet de la loge; *pendant* ou *ascendant*, lorsqu'étant latéral, il est attaché vers le haut ou vers le bas de la paroi de la loge.

L'ovule offre dans sa conformation trois modifications principales, selon que son développement a lieu ou n'a pas lieu avec régularité. Quand il est régulier, le hile et la chalaze continuent à se correspondre, comme dans l'origine, à la base de l'ovule, qui est dit alors *droit*. Lorsque le développement du pourtour s'effectue inégalement, il peut se présenter deux cas. Dans l'un, le micropyle se transporte par un demi-tour à la base de l'ovule, où il prend la place de la chalaze qui, réciproquement, vient occuper la sienne par un demi-tour inverse en se séparant du hile, et par suite, l'ovule est dit *réfléchi*. Dans l'autre cas, la chalaze se sépare très-peu du hile, et l'un des côtés se développant plus que l'autre, il en résulte que l'ovule est *recourbé* ou *courbe*. Mais il peut aussi bien se présenter ainsi par suite de l'inégalité de son propre développement.

L'ovule peut d'ailleurs offrir une foule de modifications intermédiaires entre ces trois principales, où il est *droit*, *réfléchi* ou *courbe*.

Nous avons exposé assez en détail l'anatomie de l'ovaire et de l'ovule, parce que c'est seulement là où l'on doit rechercher la véritable structure du fruit et la disposition des graines. En effet, il arrive souvent, d'une part, que plusieurs cloisons se détruisent et disparaissent ; d'autre part, qu'un certain nombre d'ovules, surtout lorsqu'ils sont nombreux, ne soient pas fécondés, et, par conséquent, avortent dans le fruit. On serait donc induit en erreur, si l'on voulait rapprocher les uns des autres, dans la série naturelle, certains genres dont les fruits offrent ces sortes d'avortements.

DU FRUIT.

Dès que la fécondation s'est opérée, la fleur perd rapidement sa fraîcheur ; les styles, les étamines et les pétales se flétrissent et tombent. Dans certains cas, le calice continue à végéter et même à croître (l'alkékenge, les poiriers et pommiers) ; mais en général il cesse de vivre après la fécondation, et alors, tantôt il tombe, tantôt il persiste desséché. Le style persiste quelquefois (les Crucifères), et même prend de l'accroissement (les clématites).

La vie reste alors concentrée : 1° dans les ovules, qui acquièrent peu à peu plus de consistance et deviennent les *graines ;* 2° dans l'ovaire qui les renferme, et commence à s'accroître sous le nom de *péricarpe*. L'ensemble de ces deux parties forme le *fruit*, et par suite, la nouvelle vie que le végétal doit parcourir, depuis la fécondation jusqu'à la dissémination des graines, se nomme *fructification*.

Nous examinerons successivement les deux parties qui constituent essentiellement le fruit, savoir : le *péricarpe* et la *graine*.

Du péricarpe.

Le *péricarpe*, ou la partie du fruit qui protège et enveloppe les graines, est formé par les parois de l'ovaire. Tout ce qui n'est pas graine dans un fruit, est le péricarpe. Il existe toujours, quoique réduit quelquefois à une lame si mince qu'on peut à peine le distinguer dans le fruit mûr (les Labiées, les Graminées, les Synanthérées) ; de sorte qu'il n'y a pas de graines *nues*, comme on le croyait autrefois. Dans ces divers cas, le péricarpe conserve sa consistance mince et foliacée ; dans d'autres cas, il se renfle plus ou moins, de manière à offrir une masse plus ou moins succulente ou charnue.

Le péricarpe, formé d'un seul carpelle, offre, comme la feuille carpellaire dont il provient, trois parties parfaitement soudées et adhérentes entre elles, savoir : la membrane extérieure ou *épicarpe*, qui détermine la forme du fruit et le recouvre extérieurement comme un épiderme ; la membrane intérieure ou *endocarpe*, qui tapisse la paroi de la loge ou cavité renfermant les graines ; la partie intermédiaire ou *mésocarpe*, souvent charnue et très-apparente (la pomme), quelquefois desséchée et à peine distincte, mais contenant les vaisseaux qui servent à la nourriture du fruit, et dont un examen attentif fait découvrir les vestiges.

La membrane intérieure, ou endocarpe, reste quelquefois très-mince ; mais souvent elle durcit et devient osseuse (la pêche, la cerise). Alors, presque toujours la partie adjacente du mésocarpe durcit également, et la paroi de la loge, devenant ainsi plus ou moins dure, plus ou moins épaisse, forme un *noyau*.

Si l'on coupe une jeune pêche en deux, on trouve son centre occupé par une amande, qui est la graine. Tout ce qui est en dehors de la graine constitue le péricarpe. Dans la pêche mûre, la peau qu'on enlève est l'épicarpe ; la chair qu'on

mange est le mésocarpe, et le noyau, l'endocarpe. Dans l'o-
range, au contraire, la peau se compose de l'épicarpe et du
mésocarpe ; la mince pellicule recouvrant les quartiers est
l'endocarpe, et les quartiers sont autant de loges remplies de
cellules gorgées de sucs savoureux. Les graines sont les
grains situés à l'angle interne de la loge.

Le péricarpe peut renfermer une seule loge ou plusieurs
provenant de la réunion d'autant de carpelles plus ou moins
soudés. Nous avons vu, dans l'ovaire, que les cloisons séparant les loges sont formées de deux lames accolées. Chacune
devrait offrir les trois parties dont se compose le péricarpe;
mais leur développement étant gêné par leurs pressions
mutuelles, il en résulte que les cloisons ne sont ordinairement
formées que par les deux endocarpes le plus souvent soudés,
plus rarement distincts, ou même séparés par une petite couche de mésocarpe. Telle est l'origine des *vraies cloisons* qui,
d'ailleurs, alternent toujours avec les stigmates ou leurs divisions. Mais il peut arriver que ces cloisons se détruisent et
disparaissent, soit en totalité, soit en partie, avant la maturité
du fruit. Par suite, le nombre des carpelles s'y trouve dimi-
nué.

D'autrefois, au contraire, le nombre des loges s'augmente
au moyen de replis naissant de la paroi des loges primitives,
et s'étendant peu à peu jusqu'à la surface opposée, de manière
à les diviser en autant de *fausses loges* séparées par ces *fausses
cloisons*. Celles-ci peuvent d'ailleurs être parallèles aux véritables, comme dans les Astragales, ou horizontales, comme
dans la plupart des Légumineuses. On peut les distinguer des
parois, soit parce qu'elles ne portent pas de graines, soit parce
qu'elles correspondent aux divisions du stigmate, au lieu
d'être alternes, et enfin, parce qu'elles n'existent pas dans
l'ovaire non fécondé.

Le péricarpe offre souvent des lignes longitudinales saillantes ou rentrantes, dues à la soudure des deux bords de la
feuille carpellaire. La ligne qui correspond à la réunion de ses
bords se nomme *suture*. Mais on donne encore le même nom
à la nervure moyenne du carpelle, dite alors *suture dorsale*.
Dans beaucoup de fruits, le péricarpe se sépare de lui-même à

la maturité, suivant la moitié ou la totalité des sutures, en autant de pièces qu'il y a de loges, ou en nombre double. Ces pièces se nomment *valves*; et, par suite, le fruit est dit à une, deux, ou plusieurs valves.

Le placenta est la partie intérieure du péricarpe, où sont fixées les graines. La portion qui reste sur les parois de la loge y forme une saillie plus ou moins sensible; celle qui s'en sépare se divise en autant de petits cordons, ou funicules, qu'il y a de graines. Quelquefois le funicule se dilate au sommet en forme d'expansion plus ou moins étendue, nommée *arille*, qui enveloppe la graine à sa base, ou même en totalité (le nénuphar). L'arille est très-apparente et rouge ou orangée dans les fusains. Il ne faut pas confondre avec l'arille les crêtes ou bourrelets en saillie sur certaines graines (la pensée), et qui n'émanent pas du funicule. Ces crêtes proviennent ordinairement d'un petit renflement charnu des parois de la loge, et se désignent sous le nom de *caroncules*.

Le péricarpe, ou le fruit, offre une foule de formes très-variées, mais en général régulières. Il peut être *mince, renflé, sphérique, ovoïde, trigone, tétragone*, etc. Son sommet est quelquefois muni d'une pointe formée par le style persistant au moins à sa base. Le stigmate persiste et se développe en appendice plumeux dans la clématite. Les dents du calice desséché surmontent les pommes et les poires en forme d'une petite couronne.

On a distingué un grand nombre de sortes de fruits, comme nous le disions dans l'avertissement de la première édition, et l'on a voulu désigner presque chacune d'elles par un nom spécial. Or, malgré cette longue et aride nomenclature, souvent mal sonnante, toujours fastidieuse, et d'un effet certain pour rebuter les commençants, on trouve encore une foule de fruits, non compris dans les dénominations adoptées, qu'on est pour lors obligé de paraphraser dans les descriptions. Il paraît donc raisonnable d'adopter uniquement les noms relatifs aux formes les plus générales et les plus constantes.

Le fruit est le dernier degré d'accroissement de l'ovaire fécondé. Or, nous avons vu (p. 114) que l'ovaire est dit *simple*, lorsqu'il renferme un seul carpelle ou plusieurs soudés en un seul corps; et *multiple*, lorsqu'il en contient évidemment plusieurs. Nous dirons donc de même que le fruit est *simple*, lorsqu'il est formé d'un seul carpelle ou de plusieurs soudés ensemble, et *multiple*, lorsqu'il est évidemment formé de plusieurs carpelles. Enfin, le fruit de certaines familles, quoique ayant l'apparence d'un corps unique, est produit par la réunion des pistils de plusieurs fleurs très-rapprochées les unes des autres; dans ce cas, on le dit *composé* ou *agrégé*.

Les fruits se divisent donc en trois grandes classes, savoir: 1° les fruits *simples*, à un carpelle ou à plusieurs soudés ; 2° les fruits *multiples*, à plusieurs carpelles distincts ; 3° les fruits *composés* ou *agrégés*, provenant des pistils de plusieurs fleurs. En outre, le péricarpe peut s'ouvrir ou ne pas s'ouvrir de lui-même à la maturité, ce qui subdivise les fruits en *déhiscents* et *indéhiscents*. Dans le second cas, le péricarpe est tantôt *charnu*, tantôt *sec* ou *foliacé*. Enfin, chaque loge peut renfermer une seule graine, ou des graines en nombre très-petit ou plus considérable. Tels sont les caractères sur lesquels on base les divisions et subdivisions des diverses sortes de fruits, qui souvent se fondent l'une dans l'autre par des nuances insensibles. C'est pourquoi nous n'attachons pas beaucoup d'importance à la plupart de leurs dénominations particulières ; et, par suite, nous n'avons souvent employé dans les descriptions que le mot *fruit*, convenablement approprié au genre ou à l'espèce dont il s'agit.

I. *Fruits simples.*

* Déhiscents.

Parmi ces fruits, qui sont toujours secs ou foliacés, jamais charnus, on distingue

La *gousse* ou *légume*, fruit à deux valves appliquées l'une contre l'autre, et s'ouvrant par les deux sutures ; l'interne porte un assez grand nombre de graines attachées alternativement à l'une et à l'autre valves (le pois, *pl.* 5, *fig.* 1). Ce fruit est propre à la famille des Légumineuses, à laquelle il a donné son nom. Comme il est formé d'un seul carpelle, il ne peut jamais avoir qu'une vraie loge. Mais il offre quelquefois deux fausses loges longitudinales formées par un prolongement intérieur de l'endocarpe (les Astragales). D'autres fois, il se rétrécit de distance en distance, et se trouve à la fin séparé en fausses loges transversales nommées *articles*, contenant chacun une seule graine, et dont les fausses cloisons se dédoublent en se désarticulant (les sainfoins, l'hyppocrépide ciliée, *pl.* 5, *fig.* 2). Enfin, il arrive encore, mais très-rarement, que le fruit, au lieu de s'ouvrir par deux valves, reste toujours fermé (le pois chiche).

Le *silique*, fruit à deux valves appliquées l'une contre l'autre et s'ouvrant par les deux sutures, qui portent les graines alternativement attachées à l'une et à l'autre (*pl.* 5, *fig.* 3, 4). La cavité du fruit est ordinairement séparée en deux loges par une cloison membraneuse parallèle aux valves, ce qui forme une exception remarquable à la loi générale que les fruits à placentas pariétaux sont à une loge. Ce fruit, propre aux Crucifères, est souvent étroit et fort long. Lorsque sa longueur n'excède pas quatre fois sa largeur, on le nomme *silicule* (le tabouret des champs, *pl.* 5, *fig.* 5). Quelquefois la silique ne s'ouvre pas (le radis), ou se sépare transversalement en plusieurs pièces articulées.

La *capsule* (*pl.* 5, *fig.* 6, 7, 8). C'est le nom qu'on donne en général à tous les fruits secs dont les carpelles s'ouvrent d'eux-mêmes à la maturité. Dans le cas le plus ordinaire, les sutures se disjoignent complétement, et, par suite, le péricarpe se sépare du sommet à la base (rarement en sens inverse) en plusieurs valves distinctes, ou à peu près. La déhiscence peut d'ailleurs avoir lieu par les cloisons, ou par le milieu de la loge, ou par le bord externe des cloisons, qui alors se séparent des valves, restant liées entre elles et avec l'axe.

D'autres fois, les sutures ne se décollent qu'incomplétement, presque toujours dans le haut, et alors la capsule ouverte se termine par des dents qui sont les sommets des valves.

Enfin, les sutures peuvent rester intimement soudées à la maturité, et alors tantôt le péricarpe se rompt par un seul point déterminé (les campanules); tantôt il s'ouvre circulairement en travers, comme une boîte à savonnette (le pourpier). Dans le pavot, le fruit est couronné par une sorte de bouclier crénelé dans son pourtour, et portant à la face supérieure les rayons stigmatifères. C'est par les ouvertures disposées dans le pourtour que s'échappent les graines au nombre d'environ trente mille.

La famille des Renonculacées fournit d'excellents passages des fruits simples aux fruits multiples. Ainsi, la Dauphinelle pied-d'alouette offre un seul carpelle, d'autres Dauphinelles en ont trois ou cinq tout à fait distincts. Dans la Nigelle de Damas, l'ovaire est formé de cinq carpelles complétement soudés en un seul corps devenant un fruit presque globuleux; tandis que dans la Nigelle des champs on observe cinq carpelles soudés jusqu'au delà du milieu en un fruit rétréci à la base. Tous ces carpelles, s'ouvrant à la maturité par la suture centrale, sont donc autant de capsules. Nous avons également décrit le fruit des Apocinées (pl. 5, fig. 10), comme formé de deux capsules. Lorsque le carpelle s'ouvre par ses sutures ventrale et dorsale, et d'ailleurs ne contient qu'une ou deux graines, on le nomme *coque*. Le fruit des Euphorbes se sépare à la maturité en trois coques.

** Indéhiscents.

Ces fruits peuvent être secs ou charnus. Parmi les premiers, on distingue :

L'*akène* ou *achaine*, fruit à une loge contenant une seule graine qui la remplit, mais ne lui adhère que par le funicule. Le fruit des renoncules est formé par la réunion de plusieurs carpelles qui sont des akènes. Il en est de même du fruit des Synanthérées (pl. 5, fig. 11). Mais, dans quelques-uns, la graine se soude en partie à la paroi de la loge. Quand la soudure est complète, on a ce qu'on nomme un *cariopse* (le grain des Graminées). Dans ce cas, le péricarpe est si mince, qu'il se confond avec les téguments de la graine, et semble ne pas exister. Aussi a-t-on décrit longtemps ces sortes de fruits, et même les akènes, sous le nom de *graines nues*, comme nous l'avons fait dans la première édition de cet ouvrage. Dans cette nouvelle édition, ainsi que dans notre Flore Française, nous employons simplement le mot de *fruit*, comme dans beaucoup d'autres cas, en ayant soin de le modifier convenablement. Le fruit des Ombellifères (pl. 5, fig. 12) se compose de deux carpelles indéhiscents ou akènes, qui, lors de la maturité, se séparent de la base du sommet en restant suspendus à l'axe.

Lorsque le péricarpe se prolonge au delà de la loge en une lame ou aile membraneuse, dorsale ou latérale, on a ce qu'on appelle une *samare*. Le fruit de l'érable (*pl. 5, fig.* 9) et celui de l'orme sont formés chacun de deux samares, qui se séparent à la maturité dans le premier, mais restent unies dans le second.

Nous mentionnerons encore le *gland*, fruit dur, presque ligneux, à une loge et à une graine (par l'avortement constant de plusieurs ovules), renfermé en totalité ou en partie dans une sorte d'involucre écailleux ou foliacé nommé *cupule* (le chêne, le noisetier).

Parmi les fruits charnus qui sont tous indéhiscents, on distingue :

Le *drupe*, ou *fruit à noyau*, presque toujours à une graine ou amande recouverte par une enveloppe osseuse, formée par l'endocarpe (la pêche, la cerise, *pl. 5, fig.* 16). La nèfle est un drupe à plusieurs noyaux. Le fruit du cornouiller est un drupe dont le noyau est à plusieurs loges.

La *noix*, modification du drupe, dont elle ne diffère que par une chair coriace et moins épaisse, connue sous le nom de *brou* (le noyer).

La *baie*, fruit rempli d'une pulpe molle et succulente à la maturité, où les graines sont placées (le raisin, *pl. 5, fig.* 13, la groseille). On donne généralement le nom de baie à tout fruit charnu provenant de plusieurs carpelles soudés. Souvent encore on donne le même nom aux fruits dont le péricarpe est ligneux ou foliacé, au lieu d'être charnu, et alors on dit que le fruit est une baie *sèche*.

Le fruit des Cucurbitacées est une modification de la baie, distincte par son écorce dure et par sa chair très-épaisse, laissant un vide central, dont les parois portent les graines (le melon, la courge, *pl* 5, *fig.* 14).

La *pomme*, ou *fruit à pépins* revêtu par le calice et couronné par ses lobes desséchés. Le centre offre cinq petites loges à paroi solide et cartilagineuse, dans laquelle sont les graines ou pépins (*pl.* 5, *fig.* 15). La pomme est également une modification de la baie.

II. *Fruits multiples.*

Nous n'avons admis aucun des noms proposés pour les fruits multiples. Comme ils sont toujours formés par la réunion de plusieurs carpelles disposés, soit en verticille sur un même plan, soit en tête sur un réceptacle plus ou moins élargi, soit en épi sur un axe plus ou moins allongé, il est bien plus simple de les décrire d'après l'apparence qu'ils présentent dans chaque forme particulière. Ainsi l'on dira simplement, dans le premier cas, *carpelles verticillés*, en indiquant leur nombre (l'hellébore), et, dans les deux autres, *carpelles en tête* (la camomille), ou *en épi* (la renoncule). On peut également, au lieu de carpelles, employer le nom qui désigne la forme particulière au genre ou à l'espèce de plantes dont il s'agit, comme *akènes en tête* ou *en épi*. Ainsi, le fruit se compose de quatre akènes verticillés dans les Borraginées, d'akènes en tête dans les Synanthérées. Dans le rosier, les akènes, au nombre de 12 à 15, sont réunis sur un réceptacle concave et recourbé en urne, au fond de laquelle ils sont attachés par leur base rétrécie. La fraise et la framboise sont des fruits formés d'un nombre plus ou moins considérable d'akènes ou de carpelles réunis sur un gynophore charnu, conique ou renflé.

III. *Fruits composés ou agrégés.*

Ces sortes de fruits sont formés, comme nous l'avons dit, par la réunion des pistils fructifiés de plusieurs fleurs distinctes très-rapprochées. Nous mentionnerons

Le *cône*, composé d'écailles plus ou moins épaisses, dont chacune porte deux ovules. Ce fruit, propre à la famille des Conifères, qui en a tiré son nom, est réellement un épi plus ou moins allongé. Le cône est oblong et formé d'écailles distinctes dans le pin et le sapin (*pl.* 5, *fig.* 17), arrondi et formé d'un petit nombre d'écailles soudées en un seul corps dans le cyprès (*pl.* 5, *fig.* 18). Dans le genévrier, il est sphérique et charnu, ce qui lui donne l'apparence d'une baie.

La mûre, fruit du mûrier, est la réunion des pistils soudés d'un certain nombre de fleurs en épi, de manière à figurer une baie mamelonnée. La figue est également un amas de petits fruits complétement enveloppés par l'axe dilaté et recourbé, qui est charnu à l'intérieur.

DE LA GRAINE.

La *graine*, partie essentielle du fruit, est destinée à se développer en une plante semblable à celle où elle a pris naissance. Toute graine provient d'un ovule fécondé. Or, nous avons dit (p. 120) qu'un ovule complet offre un nucelle renfermant le sac embryonnaire et recouvert par deux téguments. Voyons les changements que la fécondation introduit dans ces divers organes. Immédiatement après, on observe au sommet du sac embryonnaire un nouveau corps, qui est l'*embryon*. Il apparaît d'abord sous la forme d'une vésicule dite *embryonnaire*, remplie d'une matière demi-fluide et granuleuse, où se forment successivement plusieurs cellules portant chacune sur sa paroi un petit mamelon ou noyau déjà mentionné, plus haut (p. 10 *et pl.* 1, *fig.* 31). Les cellules s'agglomèrent en une petite masse dont la portion supérieure et amincie se nomme le *suspenseur ;* la portion inférieure et renflée constitue l'embryon. Pendant que celui-ci se développe, en offrant l'une des modifications indiquées (p. 12), la vésicule embryonnaire et le suspenseur disparaissent. La première partie de l'embryon qui se forme est l'axe; l'extrémité radiculaire est tournée vers le suspenseur avec lequel elle se continue, et par conséquent se dirige vers le micropyle ou le sommet du nucelle, tandis que celle qui doit s'allonger en tige se dirige du côté opposé, c'est-à-dire vers la base du nucelle ou la chalaze. L'axe offre donc au début une position précisément inverse de celle qu'il prendra dans la germination.

En même temps que l'embryon se développe, les parties constituantes de l'ovule offrent des modifications remarquables. Les deux téguments se réduisent à un seul, soit par leur soudure, soit par la disparition de l'un d'eux, pour former l'enveloppe extérieure de la graine, qu'on nomme le *test*, et qui est ordinairement lisse ; assez épaisse, dure, quelquefois osseuse, rarement charnue ou membraneuse. Le nucelle disparaît ou s'amincit en se soudant avec le sac embryonnaire modifié ; de là résulte pour la graine une autre enveloppe ordinairement beaucoup plus mince et flexible, laquelle, étant intérieure à la précédente, se nomme la *membrane interne*. Peu après l'apparition de l'embryon, les parois du sac embryonnaire se tapissent d'un fluide mucilagineux, qui se développe en tissu cellulaire en allant de la circonférence vers le centre, et remplit bientôt toute la cavité. Les sucs de ce fluide peu à peu transformé en tissu sont destinés, ainsi que ceux du nucelle, à la nourriture de l'embryon, qui s'accroît plus ou moins, et remplit tantôt tout l'intérieur de la graine, tantôt une portion seulement. Dans le premier cas, d'ailleurs peu fréquent, l'embryon est immédiatement recouvert par les enveloppes de la graine. Dans le second, le tissu qui occupe le reste de la cavité se solidifie et prend le nom de *périsperme*. On le nommait autrefois *albumen*, à cause de son analogie avec le blanc de l'œuf des oiseaux. Le périsperme est corné dans les Rubiacées, *farineux* dans les Graminées, coriace dans les Ombellifères, membraneux dans la plupart des Labiées. L'embryon, ou rudiment de la nouvelle plante, est donc l'organe le plus essentiel de la graine. Par rapport au périsperme, il est dit *extérieur, central* ou *latéral*, selon qu'il l'enveloppe, en est enveloppé, ou se trouve placé sur un de ses côtés. L'embryon, seul ou accompagné du périsperme, constitue l'*amande*, que recouvre la membrane interne de la graine en la suivant dans tous ses contours. Le test, qui enveloppe le tout et protége l'amande par son tissu plus ferme et plus épais, se moule quelquefois sur elle; mais d'autres fois, surtout lorsque la graine est sensiblement recourbée, elle n'adhère qu'à l'extérieur et ne pénètre pas dans le repli de la courbe.

Nous avons vu (*p. 12*) que l'embryon développé offre, outre la radicule et la tigelle, un ou deux cotylédons plus ou moins volumineux, et une *gemmule* qui n'est autre chose qu'un premier bourgeon fort petit où sont repliées les premières feuilles de la plante.

L'embryon monocotylédoné affecte ordinairement la forme d'un œuf plus ou moins allongé, ou celle d'un cylindre ou d'un cône arrondi aux deux bouts. Lorsqu'on le coupe en long par moitié, on remarque une cavité renfermant un petit mamelon qui est la *gemmule*. Tout ce qui est au-dessus forme le *cotylédon;* tout ce qui est au-dessous constitue l'*axe* com-

posé d'une portion supérieure ou *tigelle*, et d'une portion inférieure ou *radicule*.

L'embryon dycotylédoné se présente sous des formes très-
variées. Il se distingue aisément du précédent par ses deux
cotylédons opposés. Dans les pins et les sapins, on trouve
constamment plus de deux cotylédons; mais alors ils sont
toujours verticillés et linéaires comme les feuilles de ces arbres.

Les cotylédons offrent diverses dispositions analogues à
celles que nous avons signalées pour les feuilles encore renfermées dans le bourgeon (*p.* 62). Ils peuvent donc être pliés
en travers, en long, ou en éventail, ou roulés en crosse ou
en cornet, ou chiffonnés; habituellement ils sont appliqués
l'un contre l'autre par leurs faces planes. Quelquefois les deux
cotylédons se plient et se contournent parallèlement dans le
même sens, rarement en sens contraire, comme lorsqu'on les
dit *équitants* ou *demi-équitants*.

Si l'on considère l'embryon isolément, on trouve que la
radicule suit le plus souvent la même direction que les cotylédons; mais d'autres fois elle s'en écarte sous un angle variable, ou même se replie de manière à s'appliquer tantôt sur
la face des cotylédons, qui alors sont dits *incombants*, tantôt
sur leur ligne de jonction, et alors on les dit *accombants*.

Maintenant, si l'on examine la situation de l'embryon, par
rapport aux téguments de la graine, on trouve presque toujours que les cotylédons regardent la chalaze, et que la radicule regarde le micropyle. Mais nous avons vu que la position
du hile peut varier, et qu'il se confond avec la chalaze ou bien
lui est opposé selon que l'ovule est droit ou réfléchi. Ainsi la
radicule est dirigée en sens inverse du hile dans le premier
cas, et vers le hile dans le second. En outre, le micropyle
étant tourné en haut dans l'ovule droit, et tourné en bas dans
l'ovule réfléchi, il en sera de même de la radicule qui lui correspond presque toujours, et alors on dit respectivement
qu'elle est *supère* ou *infère*. Enfin, elle peut se diriger en dedans ou en dehors, et, selon le cas, elle est dite *centripète* ou
centrifuge.

La graine mûre ne peut d'ailleurs avoir dans la loge que

l'une des positions indiquées plus haut pour l'ovule (*p. 120*).
Elle sera donc *dressée, ascendante, renversée* ou *pendante*.

DISSÉMINATION.

On nomme *dissémination* l'acte par lequel les graines déta-
chées de la plante-mère se dispersent naturellement sur la
surface de la terre, à l'époque de leur maturité. D'abord le
funicule se désarticule, et la graine libre dans la loge en sort
aisément à la rupture du fruit lorsqu'il est déhiscent. Quelques péricarpes, comme ceux des balsamines, lancent leurs
graines plus ou moins loin avec une élasticité remarquable.
Celles du concombre sont rapidement projetées à plus de six
mètres, comme par un ressort. Dans le pavot, les graines
s'échappent à travers les ouvertures circulairement disposées
au bord du bouclier portant les stigmates. Un grand nombre
de graines minces et légères sont facilement disséminées par
les vents. Souvent des appendices particuliers, comme les
ailes membraneuses qui bordent le fruit des érables, augmentent leur mobilité. C'est surtout dans la famille des Synanthérées que la nature semble avoir tout disposé pour faciliter la
dispersion des graines. En effet, la plupart des akènes qui les
renferment sont couronnées d'une aigrette sessile ou pédi-
cellée. Ces aigrettes sont naturellement un peu humides jusqu'à la maturité, et alors elles restent droites ; mais devenant
sèches à cette époque, elles s'étalent en s'appuyant sur l'involucre ou l'une sur l'autre, et soulèvent ainsi les akènes
qu'elles séparent du réceptacle. Ceux-ci alors sont emportés
dans les airs, où ils peuvent longtemps se soutenir au moyen
de l'aigrette qui leur sert de parachute.

L'homme et les animaux favorisent encore la dissémination
des graines. Enfin, les fleuves et les eaux de la mer peuvent
transporter certains fruits à des distances considérables.

Les fruits charnus se détachent par la désarticulation de
leur pédoncule, et tombent. Alors le péricarpe se décompose
graduellement, et finit par livrer passage aux graines qui
restent d'abord à nu, mais sont bientôt recouvertes de terre,
soit par les pluies de l'hiver, soit par les animaux qui les fou-
lent aux pieds.

Le nombre des graines est quelquefois très-considérable.

D'après Rai, un seul pied de pavot en a fourni 32,000, et un de tabac 360,000. Mais il s'en faut de beaucoup que toutes soient placées dans des circonstances favorables à leur développement. Un grand nombre d'entre elles se dessèchent dans l'air ou se pourrissent dans l'eau; en outre, l'homme et les animaux en consomment une quantité prodigieuse. Mais il en est toujours qui se conservent à la surface du sol ou s'enfouissent dans la terre.

GERMINATION.

Nous avons indiqué (p. 31) les principaux phénomènes de la germination, dont les agents extérieurs indispensables sont l'*humidité*, qui humecte les graines, les gonfle et les dilate; la *chaleur*, qui anime l'embryon, et le libre accès de l'air qui lui fournit l'*oxygène* destiné à la vivifier. Lorsque les graines ne rencontrent pas le concours de ces trois circonstances, elles peuvent se conserver même pendant plusieurs années sans éprouver aucune modification ou altération. C'est pourquoi dans nos établissements de l'Algérie on a construit un certain nombre de magasins souterrains nommés *silos*, où l'on renferme le blé qui s'y trouve à l'abri de l'air, de l'eau et de la chaleur. Longtemps après, ces grains sont encore propres à ensemencer la terre. Ainsi, dans les graines convenablement enfouies, la vie ne s'éteint pas, mais reste seulement suspendue.

Lorsqu'une graine rencontre toutes les circonstances nécessaires à son développement, l'embryon s'accroît aux dépens du périsperme qui, ramolli par la chaleur et l'humidité, lui fournit les matériaux devenus propres à sa nutrition, et décroît dans la même proportion. Au bout d'un certain temps, il a complétement disparu, de sorte que l'embryon remplit alors l'intérieur des téguments de plus en plus affaiblis. Lorsqu'il n'y a pas de périsperme, l'embryon tire sa première nourriture de ses cotylédons, qui sont alors analogues au périsperme, et remplissent d'abord presque toute la cavité de la graine, mais ils décroissent progressivement.

L'embryon, croissant toujours, ne tarde pas à paraître à travers ses téguments, et la seconde période de la germination commence. Dans le plus grand nombre des cas, c'est la radi-

cule qui la première fait saillie en dehors, comme nous l'avons
dit ; elle correspond en effet au micropyle, ouverture naturelle des téguments. Mais l'organe qu'on a désigné sous le
nom de radicule se compose presque en totalité de la tigelle,
et c'est seulement son extrémité qui doit se développer en
racine. Une fois que la tigelle terminée par la gemmule est
devenue libre, celle-ci s'allonge, étale ses petites feuilles jusqu'alors repliées sur elles-mêmes, et l'ensemble de la tigelle et
de la gemmule se dirige de bas en haut vers le ciel, formant ce
qu'on nomme le *système ascendant*. L'extrémité de la radicule
s'allonge également, mais se dirige au contraire invariable-
ment de haut en bas vers le centre de la terre, formant le
système descendant. Alors, toutes les parties parvenues à l'air
libre commencent à verdir ; la jeune plante puise directement
sa nourriture dans le sol, les cotylédons épuisés et flétris se
dessèchent ou tombent, et la germination est achevée.

Dans la plupart des monocotylédonées, la graine renferme
un périsperme ordinairement très-volumineux, et alors le
cotylédon reste engagé dans les téguments avec lesquels il se
flétrit. Le cotylédon s'en dégage, au contraire, lorsqu'il n'y a
pas de périsperme, et monte verticalement avec la gemmule.
Dans tous les cas, celle-ci est d'abord entourée par la graine
du cotylédon, où son emplacement est indiqué par une petite
fente extérieure grandissant de plus en plus, et finissant par
s'ouvrir pour laisser passer la gemmule que la graine a suivie
dans son premier allongement.

Dans les dicotylédonées, tantôt les cotylédons restent en-
gagés dans les téguments de la graine, tantôt ils s'en dégagent,
et alors ils peuvent rester cachés dans la terre, auquel cas on
les dit *hypogés* (le chêne), ou plus habituellement ils s'élèvent
au-dessus du sol, et alors on les dit *épigés* (le haricot).

La planche 5, figure 19, représente le détail de la graine
et de la germination du haricot, savoir :

Fig. 19 A. — Graine avec le hile ou ombilic *a*, et le micropyle *b*.

Fig. 19 B. — Embryon isolé, *c* radicule, *d d* cotylédons.

Fig. 19 C. — Embryon privé d'un cotylédon, *e* gemmule.

Fig. 19 D. — Embryon privé de ses deux cotylédons, *c* radicule, *f e* tigelle terminée par la gemmule *e*.

Fig. 19 D. — Jeune plante à la fin de la germination.

La même planche représente, fig. 20, la germination d'une graine de maïs. *a*, périsperme farineux, *b* cotylédon allongé en graine percée par la gemmule *c*, *d* radicule ayant percé la coléorhize *e*, *g* ramifications de la radicule.

La durée de la germination varie extrêmement, selon les plantes. Ainsi, le millet et le froment germent en un jour, tandis qu'il faut un an pour l'amandier et le pêcher, deux ans pour le rosier et l'aubépine.

SPORES DES ACOTYLÉDONÉES.

Nous avons vu (*p.* 13) que dans les végétaux dits *acotylédonés* le corps reproducteur est dépourvu de cotylédons. Ces sortes de végétaux se nomment encore *cryptogames*, parce qu'on ne peut y distinguer les deux sortes d'organes de la fécondation, propres aux végétaux cotylédonés ou phanérogames, savoir : les étamines et les pistils, dont l'action réciproque produit un embryon pourvu d'un ou de deux cotylédons. Nous avons déjà reconnu (*p.* 113) que les acotylédonées offrent de petits corps nommés *anthéridies*, parce qu'on les suppose analogues aux étamines, quoique dépourvus de pollen. Or, ces végétaux offrent également d'autres corps qu'on a comparés aux pistils. Ainsi, dans les mousses, l'aisselle des feuilles ou l'extrémité des rameaux est occupée par plusieurs petits corps creux, dont chacun se termine brusquement comme une bouteille de rhum, par un col allongé, un peu évasé au sommet et traversé par un canal étroit. La cavité contient un amas de petits grains nommés *spores*, susceptibles de devenir autant de plantes semblables à celle où ils sont nés. On a donc comparé les spores aux graines, le corps nommé *sporange* qui les renferme à l'ovaire, et le col qui le surmonte au style. Ce col, en effet, se flétrit et disparaît vers l'époque de la maturité des spores. Mais ces derniers sont plutôt analogues à des embryons nus, étant libres dans la cavité du sporange, et se développant d'ailleurs immédiatement en plante, au lieu de s'ouvrir comme les graines pour émettre un autre corps réellement reproducteur.

Le sporange offre d'abord une masse continue à l'intérieur et formée de cellules lâchement unies ; les intérieures se développent plus que les autres, et se remplissent d'une gelée granuleuse qui finit par former quatre granules distincts. Peu à peu ces granules deviennent autant de spores; alors la cellule-mère se détruit, ainsi que toutes les autres analogues, de sorte que les spores sont définitivement libres dans la cavité du sporange, dont les cellules extérieures constituent la paroi.

Dans les Hépatiques, les spores se développent, soit dans l'épaisseur du tissu de la plante ou à sa surface, soit sur des prolongements particuliers. Dans les Fougères, on trouve sous les feuilles des fructifications composées de petits sacs (capsules ou sporanges) groupés sur les nervures, sur le dos ou le long des bords. Ces sacs sont dépourvus du col qu'ils ont dans les mousses, et remplis de spores libres formées de la même manière. Dans les Lycopodiacées, les sacs sont solitaires à la base des feuilles, et présentent, comme dans les Fougères, une forme semblable à celle des anthères. Or, cette ressemblance est d'autant plus frappante, que la formation des spores et du sporange est tout à fait analogue à celle du pollen et de l'anthère (p. 110 et 111).

Dans les Lichens, les spores sont également libres, mais renfermées dans la cellule-mère qui persiste et prend le nom de thèque. Ici, la gelée granuleuse qui la remplit d'abord, se sépare à la fin en spores, soit isolées, soit superposées par deux, quatre, six, etc. Souvent plusieurs thèques sont groupées dans une plus grande qui les enveloppe. Parmi les Champignons, plusieurs ont les spores ainsi réunies bout à bout, d'autres les ont libres dans une ou plusieurs cavités. Dans les Algues, les spores sont renfermées solitaires ou par quatre dans les cellules-mères, éparses ou groupées, soit à la surface, soit dans l'intérieur du tissu des plantes. Mais dans les végétaux réduits au dernier degré de simplicité, comme les Algues d'eau douce, chacune de leurs cellules renferme immédiatement des granules ou spores susceptibles de les reproduire, de sorte qu'ils ne sont pour ainsi dire composés que d'organes de la reproduction. En outre, dès que ces spores sortent de la cellule-mère, elles exécutent des mouvements analogues à ceux des animaux infusoires, ayant également lieu à l'aide des cils ou filets vibratoires dont elles sont pourvues, soit à d'une des extrémités, soit sur toute leur surface. Bientôt le mouvement s'arrête, et alors la germination commence.

On voit par là que si les végétaux parfaits sont très-différents des animaux parfaits, les spores des cryptogames sont tellement semblables aux animalcules infusoires, qu'il nous est complétement impossible de les distinguer, et par conséquent d'établir une limite certaine entre le règne animal et le règne végétal. C'est ce que l'immortel Linné avait déjà reconnu, en disant que *la nature a réuni ces deux règnes par leurs espèces les plus imparfaites*, de sorte qu'ils semblent se confondre en un seul qu'on peut appeler le *règne organique*.

DES NECTAIRES.

Le nom de *nectaire* était indifféremment donné par Linné à toutes les *parties accessoires* de la fleur, c'est-à-dire à tous les organes autres que les organes de la fécondation et leurs enveloppes : maintenant on est d'accord de désigner seulement sous ce nom les glandes sécrétant le produit mielleux nommé *nectar*, quel que soit leur emplacement sur la fleur. C'est ce produit sucré que les abeilles recueillent dans les fleurs pour en former leur miel.

Le nectaire est aussi variable dans sa forme que dans sa position. Généralement il se trouve à la base des organes de la fleur, et surtout autour de ceux de la reproduction. Par exemple, il a la forme d'une écaille placée à la base de chaque carpelle dans les Crassulacées, à la base des pétales dans les renoncules, à la gorge de la corolle dans la bourrache et plusieurs Caryophyllées. Les glandes saillantes d'où naissent les étamines des Crucifères sont des nectaires. Le réceptacle, sur lequel s'insèrent tous les organes floraux, se recouvre même souvent d'une couche glanduleuse plus épaisse et en saillie à la base de ces organes, laquelle contribue à la formation du nectar.

Dans les fritillaires, le nectaire offre la forme d'une fossette située vers la base interne des divisions du périanthe. Enfin, on le trouve en éperon dans les orchis et les dauphinelles, en couronne dans les narcisses, etc.

Au reste, les nectaires sont toujours constants pour la forme, le nombre et la situation dans une même espèce de plantes, de sorte qu'ils offrent de bons caractères pour les distinguer.

MOUVEMENTS DES FEUILLES ET DES FLEURS.

Nous avons vu que les feuilles dirigent toujours leur face interne vers le ciel, et leur face externe vers la terre. Si l'on contrarie cette direction, par exemple en palissadant le pêcher ou les autres arbres tenus en espalier, on voit les feuilles reprendre peu à peu leur position naturelle par la torsion spontanée du pétiole, qui a lieu la nuit aussi bien que le jour.

Mais si la lumière n'a aucune influence sur cet instinct général des feuilles, elle en exerce au contraire une très-grande sur les divers mouvements qu'elles exécutent, suivant l'heure et l'état plus ou moins clair du jour. Ces mouvements sont très-remarquables et surtout très-variés dans les feuilles dites composées, comme celles des Légumineuses, dont les folioles sont articulées avec le pétiole commun. Ainsi, par exemple, les folioles de l'acacia commun, presque pendantes la nuit, prennent graduellement, au lever de l'aurore, une position à peu près horizontale ; à mesure que le soleil s'élève au-dessus de l'horizon, ces folioles se redressent de plus en plus et se rapprochent de la verticale ; mais elles redescendent insensiblement à mesure que le jour baisse, pour reprendre leur position habituelle de la nuit. C'est à ce singulier phénomène que Linné a donné le nom de *sommeil des plantes*. Les expériences de Decandolle ont prouvé qu'il est dû à l'influence de la lumière ; car il a fait *dormir* le jour des sensitives dans un sombre caveau, et les a fait *veiller* la nuit en les exposant à une vive clarté artificielle.

Outre ces mouvements de veille et de sommeil, la sensitive et plusieurs légumineuses en exécutent d'autres tout à fait indépendants de la lumière. Si l'on touche même légèrement une seule foliole, à l'instant elle se flétrit et se couche ; bientôt toutes les autres de la même feuille suivent le même mouvement, de sorte qu'elles s'imbriquent les unes sur les autres, et se rabattent le long du pétiole qui s'incline également. La cause ayant cessé, les folioles qui semblaient fanées reprennent leur premier aspect et leur position habituelle. La plus légère agitation de l'air, un changement de température, l'ombre seule d'un nuage, suffisent pour produire ces mouvements de la sensitive, dont le nom même provient de son excessive irritabilité.

Une légumineuse du Bengale, le Sainfoin animé (*Hedysarum gyrans*), a ses feuilles composées de trois folioles, dont deux latérales beaucoup plus petites que la terminale. Celle-ci a un mouvement très-lent, qui paraît dû à l'influence de la lumière, et cesse la nuit. Mais, par un temps chaud, chaque foliole latérale est perpétuellement animée d'un double mouvement de rotation qui s'exécute par petites saccades très-rapprochées, et que la nuit n'interrompt pas.

La Dionée attrape-mouche, de l'Amérique du Nord, a les feuilles terminées par deux lobes creux mobiles autour d'une charnière commune et environnés de poils glanduleux. Quand un insecte ou un corps étranger vient irriter les poils en les touchant, les lobes se rapprochent vivement et emprisonnent l'insecte.

Au reste, les phénomènes causés par une excitation extérieure sont sans doute plus fréquents qu'on ne le suppose, et s'ils échappent à l'observateur sur un grand nombre de plantes indigènes, c'est qu'ils exigent une excitation beaucoup plus énergique pour se reproduire avec plus de lenteur et à un degré bien moins prononcé. Ainsi, par exemple, si l'on agite avec force les feuilles de l'acacia, on les voit, au bout d'un certain temps, devenir pendantes comme durant la nuit.

Certaines fleurs éprouvent aussi l'influence de la lumière, s'épanouissant ou se fermant à des heures différentes et déterminées. De là l'*horloge de Flore* établie par Linné; mais les variations atmosphériques de nos climats tempérés lui ôtent la justesse approchée dont elle peut être susceptible sous la zone torride.

Plusieurs fleurs ne s'ouvrent qu'une seule fois, et pour cela sont dites *éphémères*. La plupart s'ouvrent le jour (la Belle de jour), d'autres la nuit (la Belle de nuit); c'est pourquoi les fleurs se divisent sous ce rapport en *diurnes* et *nocturnes*.

Tous ces mouvements des feuilles et des fleurs sont très-difficiles à expliquer; et, en général, nous sommes obligés, dans notre ignorance, de les attribuer à l'action inconnue de la force vitale.

CLASSIFICATION.

Le règne végétal est trop étendu pour que l'on puisse parvenir à connaître, sans le secours d'une méthode, les divers membres qui le composent, et dont le nombre s'élève aujourd'hui à environ cent mille. Théophraste, qui écrivit le premier sur cette branche de l'histoire naturelle, mentionne seulement 350 espèces de plantes. Comme on se bornait alors à en indiquer l'usage dans les traités de médecine, il suffisait que chacune eût son nom propre, indépendamment de tout caractère distinctif. Mais lorsqu'à la renaissance des lettres le nombre des plantes s'accrut par des recherches mieux entendues, on ne tarda pas à reconnaître que la mémoire la plus exercée ne pouvait suffire à cette foule de noms isolés grossissant chaque jour. Dès lors, les botanistes commencèrent à sentir combien il serait avantageux de disposer toutes les espèces végétales connues dans un ordre propre à faciliter les recherches, en fournissant les moyens d'arriver plus promptement et plus sûrement au nom donné à chacune d'elles. Telle fut l'origine des classifications. Nous n'entrerons pas dans le détail des essais plus ou moins imparfaits tentés jusqu'à l'époque de Tournefort, qui décrivit 10,000 espèces en 1693. Sa méthode fut suivie en France jusqu'à la fin du dix-huitième siècle. Toutefois la distinction des plantes en *herbes* et en *arbres*, qui lui servait de base, est un principe nécessairement vicieux, puisque plusieurs genres comprennent à la fois des plantes herbacées et des plantes ligneuses. Comme, en outre, un grand nombre des espèces nouvellement découvertes ne pouvaient entrer dans aucune de ses classes, sa méthode ne tarda pas à être délaissée. Enfin, parut l'immortel Linné, dont le système, publié en 1734, fut accueilli avec le plus grand enthousiasme, à cause de son extrême simplicité, et fit abandonner ceux qui l'avaient précédé.

Mais avant de l'exposer, il est à propos de préciser le sens de certains termes employés dans les classifications. Une plante quelconque, prise isolément, constitue ce qu'on appelle un *individu*, c'est-à-dire un tout indivis. Les rejets émis par un fraisier s'enracinent et forment des individus évidemment semblables à celui dont ils proviennent, et auquel ils sont d'abord liés. Un champ de blé contient une foule d'individus qui de même se ressemblent parfaitement. Or, la réunion de tous les individus semblables est précisément ce qu'on appelle *espèce ;* leurs graines produiront de nouveaux êtres également semblables à ceux qui les ont fournies, et différant des autres par des caractères communs dits *spécifiques*.

Cependant les plantes d'une même espèce peuvent éprouver quelque changement par des causes accidentelles, comme le climat, la nature du sol, l'exposition, la température, etc. Ces diverses circonstances ne pouvant altérer les caractères spécifiques, les plantes qui sont affectées toutefois avec une certaine constance sont regardées comme des *variétés* de la même espèce. Si le changement est passager, et n'atteint qu'à divers degrés un petit nombre d'individus, ceux-ci ne forment plus que de simples *variations*. Dans le cas contraire, où les variétés se reproduisent de graines, elles prennent le nom de *races*.

Enfin, on rencontre assez souvent des *hybrides*, c'est-à-dire des individus provenant d'une espèce fécondée par le pollen d'une autre. Leur nombre s'accroît beaucoup dans les jardins, où l'homme cherche sans cesse à varier les fleurs et les fruits par des croisements nouveaux.

Les botanistes se bornèrent longtemps à l'étude des caractères spécifiques des plantes. Mais leur nombre toujours croissant fit enfin sentir la nécessité de réunir sous un même nom toutes les espèces rapprochées par des caractères communs manquant aux autres, et d'en former ainsi des groupes particuliers qu'on nomme *genres*. Par suite, les caractères communs, servant à distinguer entre elles les collections d'espèces, furent dits *génériques*. C'est Tournefort qui a la gloire d'avoir établi les genres, et désigné chacun d'eux par un nom unique.

Ce qui était arrivé pour les espèces ne tarda pas à avoir lieu pour les genres, et par le même motif. De sorte que les plus semblables entre eux par des caractères généraux furent réunis en *ordres*, *familles* ou *classes*, qu'on divisa et subdivisa

ensuite de diverses manières. Il est facile de voir que les classifications doivent abréger singulièrement les recherches, en
excluant la majorité des plantes avec lesquelles il eût autrement fallu comparer la plante qu'on veut déterminer. C'est
ainsi que l'organisation d'une armée permet d'arriver jusqu'au
moindre soldat, dès que l'on connaît le numéro du corps, du
régiment, du bataillon et de la compagnie dont il fait partie.

On est dans l'usage de distinguer les systèmes des méthodes,
en disant que les uns sont fondés sur les caractères tirés d'un
seul organe, et les autres sur des caractères tirés de plusieurs.
Mais comme en réalité presque tous les systèmes emploient
également la considération de plusieurs organes, ces deux
mots reviennent à peu près au même.

SYSTÈME DE LINNÉ.

Linné prit pour base de son système les organes de la fécondation, totalement négligés jusqu'à lui, et qui, sous le
double rapport de leur constance et de leurs usages, ont une
bien plus grande importance que la corolle employée par
Tournefort. Ce dernier avait bien donné à chaque genre un
nom propre, mais chaque espèce se trouvait toujours désignée
par une phrase récapitulative de tous ses caractères distinctifs,
et par suite s'allongeant de plus en plus à mesure que les
espèces se multipliaient dans un même genre. Aussi la mémoire la plus exercée ne pouvait en retenir qu'un certain
nombre. Linné eut la gloire de créer la nomenclature botanique en donnant à chaque espèce un nom propre, comme
Tournefort l'avait fait pour les genres. Dès lors, toute plante
fut complétement désignée par deux mots : un substantif pour
son genre, un adjectif pour son espèce. Aussi le système
Linnéen fut-il universellement adopté dès son apparition. Il
est divisé en vingt-quatre classes, dont les caractères sont
tirés des étamines et des pistils visibles ou non visibles, séparés ou réunis dans une même fleur, de la soudure des étamines par les filets ou par les anthères, de leur grandeur
relative et de leur nombre, comme le montre le tableau suivant :

CLEF DU SYSTÈME DE LINNÉ.

					CLASSES.	
Étamines et Pistils.	visibles	réunis dans la même fleur.	Étamines non adhérentes au pistil.	libres — égales entre elles.	1 étamine	Monandrie	1
					2 étamines	Diandrie	2
					3 étamines	Triandrie	3
					4 étamines	Tétrandrie	4
					5 étamines	Pentandrie	5
					6 étamines	Hexandrie	6
					7 étamines	Heptandrie	7
					8 étamines	Octandrie	8
					9 étamines	Ennéandrie	9
					10 étamines	Décandrie	10
					11 à 19 étamines	Dodécandrie	11
					20 ou plus insérées { sur le calice	Icosandrie	12
					{ sur le réceptacle	Polyandrie	13
				inégales. { 4, dont 2 plus longues	Didynamie	14
				{ 6, dont 4 plus longues	Tétradynamie	15
			soudées { par leurs filets en un seul corps	Monadelphie	16
			{ en deux corps	Diadelphie	17
			{ en plusieurs corps	Polyadelphie	18
			par leurs anthères en 1 cylindre	Syngénésie	19
		non réunis dans la même fleur.	portées sur le pistil	Gynandrie	20
			fleurs mâles et femelles sur le même individu	Monœcie	21
			fleurs mâl. et femel. sur 2 individus différents	Diœcie	22
			fl. mâl. fem. et hermaphrod. sur 1 ou plus. indiv.	Polygamie	23
	non visibles				Cryptogamie	24

Ces classes sont sous-divisées :

Les 13 premières, par le nombre des pistils allant de 1 à 12 et au delà, ce qui donne les sections nommées *monogynie*, *digynie*, etc., *dodécagynie*, *polygynie*.

La 14e, par les fruits visibles au fond du calice ou renfermés dans le calice, en deux sections, *gymnospermie* et *angiospermie*.

La 15e, par le fruit qui est une silique ou une silicule, en deux sections, les *siliqueuses* et les *siliculeuses*.

Les 16e, 17e, 18e et 20e, par le nombre des étamines. La 19e, par les fleurs d'un même capitule, qui peuvent être : 1° toutes hermaphrodites *(polygamie égale)* ; 2° hermaphrodites dans le disque, femelles à la circonférence, toutes fertiles *(polygamie superflue)* ; 3° hermaphrodites dans le disque, celles de la circonférence neutres ou femelles, mais stériles *(polygamie frustanée)* ; 4° mâles dans le disque et femelles à la circonférence *(polygamie nécessaire)* ; 5° toutes pourvues d'involucres rapprochés en un seul capitule *(polygamie séparée)*.

Les 21e, 22e et 23e, par les caractères des autres classes.

La 24e, par les divers modes d'organisation ou de fructification.

Ce système présente de grands défauts, surtout dans l'établissement des sections. Il offre, en outre, le grave inconvénient de rompre très-souvent les affinités les plus naturelles, par exemple, celles de la famille des Graminées qui se trouve dispersée dans sept classes, savoir : dans les trois premières, la sixième et les trois avant-dernières. Toutefois, on ne doit pas perdre de vue qu'il vint mettre un terme à la confusion, et surtout fournir un moyen commode d'arriver à la détermination exacte des plantes alors connues. Au reste, Linné avait lui-même senti toute l'imperfection de son système sous le rapport des affinités, ce qui lui fit publier ses *Fragments de la Méthode naturelle*, où les genres sont classés tout autrement, sauf quelques séries linéaires qui sont les mêmes dans les deux cas, par suite de l'importance des caractères réunissant ces genres. Il a dit, en outre, dans la Philosophie botanique : « La » nature ne fait pas de sauts. Toutes les plantes sont liées par » des affinités, comme les territoires se touchent sur une carte » géographique. Le manque des plantes encore inconnues

» rend la *Méthode naturelle* défectueuse ; leur découverte per-
» mettra de l'établir définitivement. C'est le but final de la
» science, vers lequel doivent tendre sans relâche tous les
» efforts des botanistes. »

MÉTHODES NATURELLES.

Nous avons vu comment les espèces semblables entre elles
furent groupées en genres. On chercha de même à réunir les
genres en collections naturelles d'un ordre plus élevé, que
Magnol, de Montpellier, eut l'heureuse idée de nommer *familles*. La méthode qui groupe ainsi les plantes d'après les
rapports assignés par la nature, est dite *Méthode naturelle*. Le
botaniste est guidé dans la recherche de ces affinités par le
cachet particulier imprimé sur la physionomie de certains végétaux, et qui est en harmonie avec leur organisation intérieure.
Mais il fallait vérifier scrupuleusement cette concordance, et
s'assurer que la présence de tel caractère choisi pour base
d'une classification entraine nécessairement l'existence de plusieurs autres essentiels.

Ce fut en 1759, vingt ans après un voyage de Linné à Paris,
que Bernard de Jussieu essaya, dans le jardin botanique créé
par Louis XV à Trianon, un arrangement naturel des genres.
Mais il ne publia rien, pas même un catalogue.

En 1763, Adanson publia sur les familles des plantes un
ouvrage où il établit 65 systèmes basés sur toutes les considé-
rations qui lui parurent propres à l'étude et à la classification
des plantes, comme la forme, la grandeur, tous les organes
de la végétation et de la reproduction, racine, tige, feuilles,
fleurs, calice, corolle, étamines, pistil, fruit, graines, etc.,
et leurs modifications. Puis il adopta comme l'ordre naturel
celui des 58 groupes qu'il forma en distribuant les genres selon qu'ils se trouvaient éloignés ou rapprochés dans un plus
grand nombre de systèmes. Mais il est facile de voir que ce
procédé, d'après lequel tous les organes et les caractères qu'on
en déduit sont censés de même valeur, est purement artificiel,
et repose, en outre, sur une base fausse. Aussi les familles
d'Adanson ne furent adoptées par aucun botaniste.

Antoine-Laurent de Jussieu, neveu de Bernard, eut la gloire
de poser les vraies bases de la science, en montrant quelle est

l'importance relative des différents organes entre eux, et par
suite leur valeur dans la classification. A cet effet, il choisit plusieurs familles incontestablement naturelles, comme celles des
Graminées, des Ombellifères, des Légumineuses, etc., compara
pour chacune ses caractères à ceux des genres qui la composent, et parvint ainsi à l'appréciation exacte de la valeur de
chaque caractère en particulier. Il trouva que, dans toutes les
plantes d'une de ces familles, l'embryon offre une structure
identique; qu'il en est de même de la graine; que l'insertion
des étamines est généralement invariable. Il reconnut, en outre, qu'un caractère d'un ordre supérieur entraîne nécessairement la présence ou l'absence de plusieurs autres, de sorte que
la partie fait connaître le tout, et réciproquement. Or, la
Méthode naturelle repose en réalité sur la connaissance intime
de ces rapports constants. A. L. de Jussieu groupa donc,
d'après ces principes, tous les genres alors connus en cent
familles, dont il traça les caractères, et qu'il coordonna entre
elles en suivant le même procédé que pour le groupement des
genres. La structure de l'embryon lui offrit naturellement un
caractère fondamental propre à partager le règne végétal en
trois grands embranchements, les acotylédones, les monocotylédones et les dicotylédones. Il mit en seconde ligne, mais
bien éloignée, l'insertion des étamines, hypogyne, péri-
gyne ou épigyne. Les monocotylédones furent ainsi divisés en
trois classes, d'après ce caractère d'ailleurs insuffisant pour
les familles bien plus nombreuses de dicotylédones, et Jussieu
dut le combiner avec celui que fournit la corolle considérée en
tant que monopétale, polypétale ou nulle; en effet, dans le
premier cas, les étamines étant alors soudées par les filets
avec la corolle, l'insertion a lieu par son intermédiaire, de
sorte que ces deux caractères se trouvent intimement liés entre
eux. Les monopétales épigynes furent divisées en deux classes,
suivant qu'elles ont les anthères soudées entre elles ou distinctes. Enfin le caractère tiré de l'insertion des étamines par
rapport au pistil, manquant dans les fleurs pourvues d'un seul
de ces organes, les dicotylédones diclines formèrent une classe
séparée. C'est ainsi que Jussieu fut conduit à établir les 15 classes comprises dans le tableau suivant, et dont chacune reçut
plus tard le nom particulier mis dans la dernière colonne.

CLEF DE LA MÉTHODE NATURELLE D'A. L. DE JUSSIEU.

			CLASSES.	
ACOTYLÉDONES.			Acotylédones.	1
MONOCOTYLÉDONES . . étamines		hypogynes.	Monohypogynes.	2
		périgynes.	Monopérigynes.	3
		épigynes.	Monoépigynes.	4
	apétales.	épigynes.	Épistaminées.	5
		périgynes.	Péristaminées.	6
		hypogynes.	Hypostaminées.	7
DICOTYLÉDONES.	monopétales.	hypogynes.	Hypocorollées.	8
		périgynes.	Péricorollées.	9
		épigynes. { anthér. soud.	Épicorollées synanthérées.	10
		— distinct.	Épicorollées corisanthères.	11
	polypétales.	épigynes.	Épipétalées.	12
		hypogynes.	Hypopétalées.	13
		périgynes.	Péripétalées.	14
	diclines irrégulières.		Diclines.	15

Jussieu distribua toutes les familles dans ces quinze classes, en commençant par les plus simples et s'élevant graduellement aux plus composées, ayant soin que chacune fût placée entre les deux offrant le plus de rapports avec elle. C'est ainsi que, dans le *Genera plantarum* publié en 1789, il put conserver, soit pour les genres, soit pour les familles, le degré d'affinité que comporte la disposition en série linéaire. Déjà seize ans auparavant il avait appliqué cette nouvelle méthode à la plantation du jardin de botanique de Paris.

Decandolle commence, au contraire, la série des familles par celles qui sont le plus complétement organisées, c'est-à-dire qui ont le plus grand nombre d'organes distincts les uns des autres, et descend de proche en proche jusqu'aux plus simples. Mais peu importe le point de départ ; l'essentiel est que, dans le classement adopté, les familles se trouvent disposées suivant leurs affinités mutuelles, toujours autant que le permet l'ordre linéaire ; car cet ordre rompt nécessairement des rapports aussi intimes que ceux d'après lesquels chaque famille se rapproche de celle qui la précède et de celle qui la suit. Il ne peut, d'ailleurs, en arriver autrement, les êtres organisés se trouvant liés entre eux par un réseau, et non par une chaîne continue.

Decandolle commence donc la série par les familles dicotylédones polypétales qui ont les étamines insérées sur le réceptacle, et qu'il appelle *thalamiflores*. Puis viennent successivement les *calyciflores* ou polypétales, à étamines insérées sur le calice ; les *corolliflores* ou monopétales, les *monochlamydées* ou apétales, les monocotylédones, et enfin les végétaux cellulaires. Nous avons adopté cette disposition, soit dans notre Flore du Dauphiné, soit dans notre Flore Française.

Au reste, la classification de Jussieu, et celle de Decandolle qui précise plus nettement l'insertion des étamines, sont très-bonnes quant au groupement des genres et des familles en ordre naturel ; mais dès qu'on veut les appliquer à la détermination des uns ou des autres, on se trouve aussitôt arrêté par la difficulté d'observer les cotylédons, par l'insertion souvent incertaine des étamines, ou enfin par la soudure embarrassante des pétales. Or, le procédé le plus sûr et le plus

commode, pour parvenir à la découverte du nom inconnu
d'une plante, est sans contredit la *Méthode analytique* ou *dichotomique* proposée par Lamark. Elle consiste en une suite
de questions nettes et précises, que les commençants peuvent
résoudre avec la plus grande facilité, à l'aide d'un très-petit
nombre de notions botaniques, et qui partagent successivement
les végétaux en classes se dédoublant et s'excluant l'une
l'autre d'après le caractère indiqué. Ainsi une première question les partage en deux classes, à l'une desquelles la plante
doit se rapporter ; une seconde question divise de même la
classe choisie en deux autres, et ainsi de suite jusqu'à ce qu'on
parvienne, par cette série d'exclusions, à une dernière classe
comprenant la seule plante dont on cherche le nom. Cette
méthode, franchement artificielle, fait usage de tous les caractères qu'elle emprunte indistinctement à toutes les parties des
plantes, sans s'astreindre à aucun ordre, mais en rejetant
toutefois, autant que possible, ceux qui pourraient être dou-
teux, exceptionnels ou d'une observation trop délicate. Souvent même, dans les cas embarrassants, la méthode conduit
au but par deux routes différentes, de sorte que l'élève doit
nécessairement finir par y arriver. Cette clef dichotomique
sert donc à déterminer purement le nom d'une plante inconnue,
récoltée, bien entendu, dans l'une des régions auxquelles on
l'a jusqu'alors appliquée, comme la France. Toutefois, dans
notre Flore Française et dans notre Flore du Dauphiné, nous
ne l'avons donnée que pour les genres, dont nous avons, en
outre, exposé le tableau d'après le système de Linné. Parvenu
au nom du genre, l'élève doit recourir aux descriptions des
espèces, et les lire comparativement pour y reconnaître celle
qui l'occupe. Les coupes, multipliées de plus en plus, suivant
que les genres sont plus riches, ont pour but de lui faciliter
cette partie de ses recherches. Nous pensons d'ailleurs qu'il
arrivera plus promptement, non pas au nom de l'espèce, ce
qui est bien peu de chose, mais à la véritable connaissance des
plantes, par la comparaison attentive des descriptions, où leurs
vrais caractères distinctifs sont souvent mis en évidence par
un point d'exclamation, procédé plus rigoureux que celui des
lettres italiques employées dans le même but, et qui, au milieu

dés membres de phrases, est placé entre deux parenthèses, pour ne pas couper le sens. Au reste, les lettres italiques ont le grand avantage d'attirer l'attention au premier coup d'œil, et nous comptons faire concourir les deux moyens simultanément au même but, dans la seconde édition de notre Flore Française.

C'est vers le perfectionnement des familles que tendent les efforts de la plupart des botanistes de l'époque, à la tête desquels on doit sans contredit placer le savant anglais Robert Brown comme y ayant le plus contribué. Il a d'ailleurs indiqué la vraie marche à suivre à cet effet, en conseillant de *laisser provisoirement de côté, dans son ensemble, l'arrangement méthodique et naturel des familles, pour s'occuper exclusivement de leur combinaison en classes également naturelles et susceptibles d'être définies.*

C'est ce que M. Endlicher vient de tenter avec le plus grand succès, selon nous, dans son grand ouvrage de 1500 pages in-4°, intitulé *Genera plantarum secundum ordines naturales disposita*, terminé en 1840.

Cet ouvrage, résultat d'immenses recherches et indispensable à tous les botanistes, comprend tous les genres réunis en ordres ou familles, les ordres groupés en *classes*, et celles-ci en *régions*, subdivisées en sections et cohortes, d'après des caractères rigoureusement définis. Au reste, il faut encore beaucoup de temps et de travaux pour qu'on puisse parvenir à des classes ou groupes, établis sur des caractères susceptibles d'être généralement adoptés par les botanistes.

SOINS A PRENDRE POUR FAIRE UN HERBIER.

1° Récoltez autant que possible des plantes *complètes*, c'est-à-dire avec la racine, les fleurs et les fruits mûrs, en les prenant entières tant qu'elles ne dépassent pas 1m de hauteur ; au delà, prenez la partie supérieure, en y joignant la racine et les feuilles radicales, excepté, bien entendu, pour les arbres et arbustes ; récoltez des individus avec fleurs et d'autres avec fruits lorsqu'ils ne se trouvent pas ensemble sur le même pied ;

2º Rentré dans le cabinet, étalez chaque plante à part dans une feuille de papier non collé, que vous devez choisir de préférence aux dimensions de 50 centimètres de long sur 30 à 32 de large, afin de pouvoir y préparer une plante de 1^m pliée en deux. Intercalez, surtout entre les organes délicats, de petits morceaux de papier non collé déchirés d'avance au hasard. Séparez par quelques feuilles de papier bien sec, celles qui contiennent les plantes, et mettez le tout à la presse pendant vingt-quatre heures. Alors placez à plat les feuilles entre la paillasse du lit et le cadre sanglé qui la supporte, jusqu'à ce que les plantes soient bien sèches, huit à quinze jours environ, selon les espèces. Ce procédé, qui est le meilleur pour conserver la couleur des fleurs et surtout le vert des feuilles, est aussi le plus économique de temps, puisqu'on n'a pas la peine de changer même une seule fois les plantes de papier;

3º Rangez les plantes sèches de manière qu'une feuille ne contienne qu'une seule espèce, avec une étiquette particulière pour chaque localité, où l'on doit d'ailleurs indiquer le nom de l'espèce, la date de sa récolte, sa station, etc.;

4º Préservez vos plantes de la piqûre des insectes, en les lavant soigneusement au pinceau, avec une dissolution de 25 à 30 grammes de sublimé (deuto-chlorure de mercure) dans un litre d'alcool; il vaut encore bien mieux plonger la plante entière dans une cuvette contenant cette dissolution. Mettez un S dans un angle de l'étiquette pour marquer que la plante a été passée au sublimé.

FIN DES ÉLÉMENTS.

TABLE DES MATIÈRES.

FIN DE LA TABLE

AVIS

Sur la 2me édition de la *Flore du Dauphiné*.

———◆———

Cette seconde édition se composera :

1° Des ÉLÉMENTS DE BOTANIQUE, par A. MUTEL, 2e édition entièrement refondue, 1 vol. in–16, orné de 5 planches.
Prix de cet ouvrage vendu séparément . . 1 fr. 25 cent.

2° De LA FLORE DU DAUPHINÉ, ou description des plantes croissant naturellement en Dauphiné, ou cultivées pour l'usage de l'homme et des animaux, par A. MUTEL ; 2e édition, entièrement refondue, séparément, prix. . . 10 fr.

3° Du DICTIONNAIRE GÉOGRAPHIQUE BOTANIQUE DU DAUPHINÉ, contenant, rangé par ordre alphabétique de département, le nom de toutes les localités citées dans la *Flore du Dauphiné* et la nomenclature par ordre alphabétique des plantes récoltées dans chacune d'elles, avec renvoi à la description de la *Flore*; 1 vol. in–16, séparément, prix . . . . 2 fr. 50 cent.

MM. les Botanistes apprécieront immédiatement la commodité de toutes ces petites Flores locales, qui leur permettront de diriger leurs excursions selon les recherches qu'ils se proposeront de faire. Chaque édition de cet ouvrage sera augmentée de toutes les indications nouvelles qu'on voudra bien nous communiquer ; nous aurons soin de donner le nom du récolteur. Ainsi secondé, nous espérons arriver à rendre ces Flores locales très-complètes. Dans ce but nous tirerons toujours à très-petit nombre. (Note de l'éditeur.)

La Flore du Dauphiné, 3 vol. in-16, pour les souscripteurs . . . . 12 fr.

———◆———

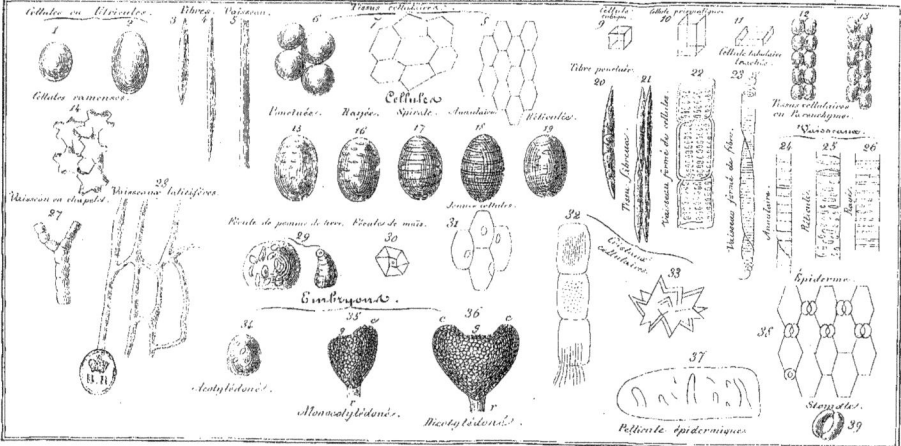

Organes élémentaires . — Embryons . — Épidermes .

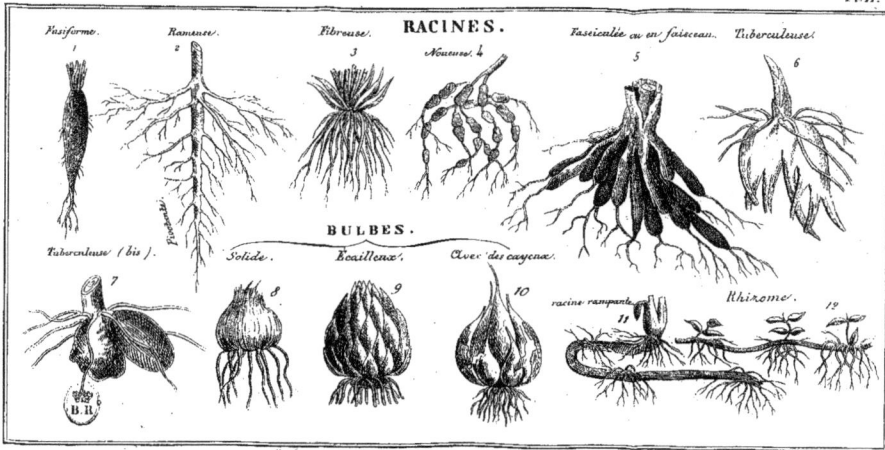

Pl. II.

RACINES.

Fusiforme. Rameuse. Fibreuse. Noueuse. 4 Fasciculée ou en faisceau. Tuberculeuse.
1 2 3 5 6

BULBES.

Tuberculeuse (bis). Solide. Écailleux. Clver des cayeux. racine rampante. Rhizome.
7 8 9 10 11 12

RACINES. BULBES. RHIZOMES.

FEUILLES.

Pl. IV.

FLEURS.

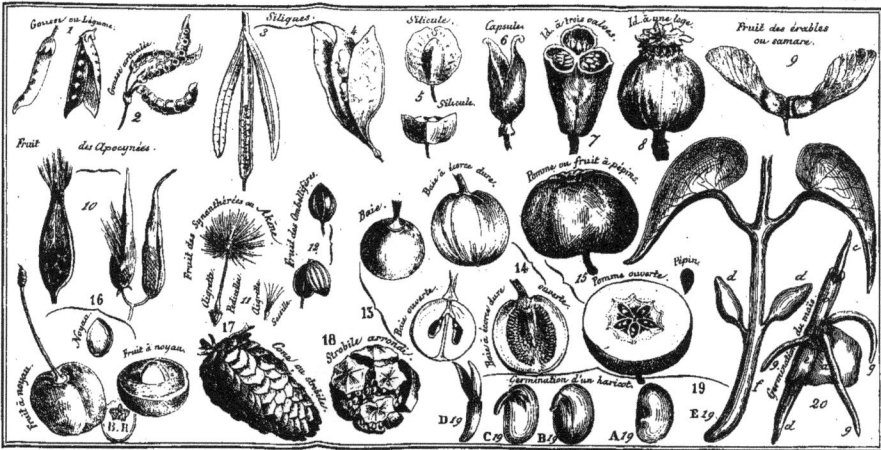

FRUITS.

Pl. V.

PUBLICATIONS SUR LE DAUPHINÉ.

ALBUM DU DAUPHINÉ, Recueil de dessins représentant les sites les plus pittoresques, les villes, bourgs et principaux villages ; les églises, châteaux et ruines les plus remarquables du Dauphiné, etc., par MM. CASSIEN et DEBELLE ; cet ouvrage est accompagné d'un texte historique et descriptif par une société de gens de lettres de Grenoble. 1836-1840 ; 4 vol. in-4°, imprimés avec luxe sur très-beau papier grand raisin, prix   80 fr.

Chaque volume se compose de 48 dessins et de 24 à 25 feuilles de texte.

DESCRIPTION DES MOLLUSQUES fluviatiles et terrestres de la France et plus particulièrement du département de l'Isère, précédée de notions élémentaires sur la conchyliologie, par M. Albin GRAS, in-8°, orné de planches dessinées avec le plus grand soin, représentant les figures de plus de 140 espèces, 5 fr.

ESSAI statistique et médical sur les Eaux minérales des environs de Grenoble : la Motte, la Dame, Uriage, Allevard, Auriol et l'Echaillon, par M. C. LEROY, docteur en médecine, etc., in-8°,   2 fr.

POÉSIES en patois du Dauphiné, précédées d'une notice sur les patois de cette province, par M. COLLON DE BATINES, contenant : *Grenoblo malherou ; lo dialoguo de le quatro comare ; lo monologuo de Janin* ; 1 vol. in-12, sur papier fort extra-superfin, imprimé en caractères neufs, avec le plus grand soin, 2 fr. Cette édition, la plus jolie qu'on ait imprimée jusqu'à nos jours, se distingue encore par une très-grande correction. Elle n'a été tirée qu'à un très-petit nombre d'exemplaires, aussi est-elle une véritable édition d'amateur

qui doit prendre place dans toute bibliothèque choisie.

STATISTIQUE minéralogique du département des Basses-Alpes, ou description géologique des terrains qui constituent ce département, avec l'indication des gîtes de minéraux utiles qui s'y trouvent contenus, ouvrage accompagné d'une carte et de coupes géologiques, par M. Scipion GRAS, ingénieur en chef des mines ; 1 vol. in-8°,   8 fr.

— minéralogique du département de la Drôme , ou Description géologique des terrains qui constituent ce département ; avec l'indication des mines, des carrières et en général de tous les gîtes des minéraux utiles qui s'y trouvent contenus ; ouvrage accompagné d'une carte géologique, par M. Scipion GRAS, ingénieur en chef des mines, in-8°,   8 fr.

VIE de saint Hugues, évêque de Grenoble, suivie de la vie de Hugues II, son successeur ; d'un extrait d'une biographie de saint Hugues, abbé de Léoncel, et d'une notice biographique sur les évêques de Grenoble, par M. A. DU BOYS ; 1 v. in-8°,   5 fr.

M. du Boys, en écrivant la vie de saint Hugues, a fait l'histoire des longues luttes du clergé contre la noblesse ; il nous montre que c'est aux efforts énergiques de ce saint homme, si grand sous tous les rapports, et à ceux de ses successeurs, que l'on dut la répression des envahissements de la féodalité et l'accroissement des franchises populaires.

ÉLÉMENTS de l'électro-magnétisme animal, par le comte Hubert de BEAUMONT-BRIVAZAC. Grenoble, novembre 1845, in 8°, prix   75 c.